# 国际水电站
# 运维战略与实务

THE WORLD BANK　著

姜付仁　于书萍　王振红　孙高虎　余凌 等 译　　陈东　校

中国水利水电出版社
www.waterpub.com.cn
·北京·

**图书在版编目（CIP）数据**

国际水电站运维战略与实务 / 世界银行著；姜付仁
等译. -- 北京：中国水利水电出版社，2021.10
书名原文：OPERATION & MAINTENANCE STRATEGIES
FOR HYDROPOWER
ISBN 978-7-5226-0076-5

Ⅰ. ①国… Ⅱ. ①世… ②姜… Ⅲ. ①水力发电站－
电力系统运行②水力发电站－维修 Ⅳ. ①TV737

中国版本图书馆CIP数据核字(2021)第210235号

| | | |
|---|---|---|
| 书　　　名 | **国际水电站运维战略与实务**<br>GUOJI SHUIDIANZHAN YUNWEI ZHANLÜE YU SHIWU | |
| 外 文 书 名 | OPERATION & MAINTENANCE STRATEGIES FOR HY-DROPOWER：Handbook for Practitioners and Decision Makers (Volume 1) and OPERATION & MAINTENANCE STRAT-EGIES FOR HYDROPOWER：Six Case Studies (Volume 2) | |
| 作　　　者 | THE WORLD BANK　著 | |
| 译　　　者 | 姜付仁　于书萍　王振红　孙高虎　余凌　等译　陈东校 | |
| 出 版 发 行 | 中国水利水电出版社<br>（北京市海淀区玉渊潭南路1号D座　100038）<br>网址：www. waterpub. com. cn<br>E - mail：sales@waterpub. com. cn<br>电话：(010) 68367658（营销中心） | |
| 经　　　售 | 北京科水图书销售中心（零售）<br>电话：(010) 88383994、63202643、68545874<br>全国各地新华书店和相关出版物销售网点 | |
| 排　　　版 | 中国水利水电出版社微机排版中心 | |
| 印　　　刷 | 清淞永业（天津）印刷有限公司 | |
| 规　　　格 | 184mm×260mm　16开本　14印张　341千字 | |
| 版　　　次 | 2021年10月第1版　2021年10月第1次印刷 | |
| 印　　　数 | 001—500册 | |
| 定　　　价 | **72.00元** | |

译者序

　　知彼知己，方能百战不殆。我国政府已经确立了国内国际双循环的发展新格局。要参与国际大循环，提高走出去的国际竞争力，必须具备国际化视野和战略发展眼光。我国的水利水电基础设施建设已经在国际社会上独领风骚。随着我国国际影响力的进一步提高，我国在水利水电管理体制机制上也要对标国际高水准，要更积极地参与到全球经济竞争与合作中去，表现为更高水平的双向开放，这也是构建全面开放新格局的必然要求。这是一个循环上升的过程，关键要利用好国际国内两个市场、两种资源，实现高效互动，深度融入到国内国际双循环中去，为我国水利水电工程建设和高效管理树立中国标杆贡献力量。

　　本书是由世界银行及其能源和采掘业全球业务部负责组织，在瑞士经济事务国务秘书处（SECO）和全球水安全与卫生伙伴关系的支持下，并与国际水电协会（IHA）合作完成的关于水电站运维战略制定与实施实务的出版物。本出版物适用于水电资产业主、水电设施管理者、公用事业管理者和来自主管部门的决策者，其目标是通过良好的运营和维护实践能够实现效益最大化。人们应制定一个运营和维护战略，以实现其水电资产和能源服务的长期可持续能力。本次翻译的版本为世界银行 2020 年水电领域的最新重要出版物。本书框架结构合理、逻辑清晰、可操作性强。本书不仅涵盖了水电站运维战略的诊断、制定、校验和实施，而且提供了国际的 6 个水电站案例分析，有利于激发读者战略思考并与实施实务相对照。全书条理清楚、贴合实际、紧跟前沿，是我国水利水电国际业务从业人员的重要教材和参考书，也是对国际水电站运维管理感兴趣人士的宝贵读本。

本书文前部分和第 1 章由姜付仁翻译，第 2 章、附录 H 案例摘要部分、第 10 章巴西和利比里亚案例由于书萍、王振红翻译，第 4 章战略行动识别、第 5 章实施战略模型由王振红、于书萍翻译，第 6 章和附录 C 岗位名称与要求、附录 D 重要岗位职责说明部分由陈东负责翻译，第 7 章财务成本核算、附录 A 词汇表、附录 B 技术诊断部分由孙高虎翻译，第 8 章战略校验与融资、第 9 章实施战略、附录 E 关键绩效指标、附录 F 战略编制大纲、附录 G 运维核算模板、第 10 章尼日利亚和巴基斯坦案例由余凌翻译，第 10 章乌干达和乌拉圭/阿根廷案例由柳春娜、吴琼翻译，吴必朗、李健源辅助各章节的排版和校对，最终由姜付仁通稿定稿、陈东审校。本书内容较多，涉及面广，为提高译文质量，译者、校者和审阅者之间互相交叉地对全书进行了通读与审校。

　　本书得益于 SS110701B0012021、SD0145B302016、SS0145B152020、GJ016B012020 和国家自然科学基金资助项目 51809291 等课题的大力支持。限于本书译者的水平，定有若干不妥甚至不对之处，敬请各位读者批评指正。

# 致　谢

本书是由世界银行（World Bank，WB）支持、根据国际水电协会（IHA）的案例研究成果编写而成。世界银行的案例研究团队负责人是 Pierre Lorillou，团队成员有 Juliette Besnard、Babar Khan、Mike McWilliams、Nigel Wills、Jean Noël Cavallero、Luciano Canale、Nicolas Sans、Ruth Tiffer Sotomayor、Ian Menzies 和 Felipe Vicente Lazaro。国际水电协会研究团队负责人是 Richard Taylor，团队成员有：William Girling、David Samuel、María Ubierna、Amina Kadyrzhanova 和 Claire Nakabugo。

本书极大地受益于世界银行能源和采掘业全球业务部门成员的战略指导，全球业务部参与的成员有 Riccardo Puliti（全球和区域主任）、Lucio Monari（区域主任）、Charles Cormier（实务经理）、Ashish Khanna（业务经理）和 Joel Kolker（全球水安全与卫生伙伴关系 GWSP 项目经理）。

我们衷心感谢对（本书提出了精辟的建议和指导的如下世行同事和顾问（按字母顺序排列）Pedro Antman、Jean - Michel Devernay、Pravin Karki、Pier Mantovani、Gerhard Soppe 和 Mahwash Wasiq。我们也要对瑞士经济事务国务秘书处的 Valentin Pfäffli（瓦伦丁·普法夫利）和 Francoise Salame（弗朗索瓦·萨拉姆）所提的宝贵意见深表感谢。

我们热烈感谢以下人员对本书案例研究所做的贡献：Gutierrez Alfio（Statkraft）的巴西斯科案例；Laurent Mouvet（咖啡山国际水电运营有限公司）的利比里亚案例；José Villegas 和 Lamu Audu（主流公司）的尼日利亚案例；Muhammad Khaleeq Siddiqui 和 Muhammad Asif（拉瑞布能源有限公司）的巴基斯坦案例；George Mutetweka（UEGCL）的乌干达案例以及 Fernando

Alcarráz/Daniel Perczyk（Salto Grande 水电枢纽）的乌拉圭/阿根廷案例。要了解这些案例研究的更多详细信息，请致信如下地址：iha@hydropower.org。

我们感谢国际水电协会于 2016—2019 年在瑞士、埃塞俄比亚和法国举办的研讨会以及国际可再生能源机构（IRENA）于 2018 年在阿布扎比举办的研讨会上来自公共部门和私营部门的参与者所提供的指导和宝贵的反馈。我们也要感谢国际水电协会的资产管理知识网络项目的所有成员。我们感谢 Barbara Karni 和 Sara Pasquier 编撰了本报告，也要感谢谢泼德公司（Shepherd Incorporated）及其雇员 Duina Reyes 的出版。

最后，衷心感谢全球水安全与卫生伙伴关系（GWSP）及瑞士经济事务国务秘书处（SECO）对本报告提供的资金支持。

本书得到了全球水安全与卫生伙伴关系的支持。全球水安全与卫生伙伴关系是一个由世界银行全球水实践项目负责管理的多元资助者信托基金，这些多元资助者包括澳大利亚外交和对外贸易部、比尔和梅琳达·盖茨基金会、荷兰外交部、洛克菲勒基金会、瑞典国际开发合作署、瑞士经济事务国务秘书处、瑞士发展与合作署、英国国际开发部和美国国际开发署。

# 缩略语和简称

AF Availability factor 可用率，可用系数

AFNOR Association Française de Normalisation 法国标准化协会

BAU Business as usual 一切照常，条件不变时

CAPEX Capital expenditures 资本支出

CMMS Computerized maintenance management system 计算机化维修管理系统

E‒flow Environmental flow 环境流量、生态流量

EPC Engineering，procurement，and construction 设计、采购与施工总承包

ESF Environmental and social framework 环境结构和社会结构

ESIA Environmental and social impact assessment 环境和社会影响评价

ESMP Environmental and social management plan 环境和社会管理计划

FMECA Failure mode，effects，and criticality analysis 故障模式、影响和危害性分析

FOR Forced outage rate 强迫停运率

GW Gigawatt 吉瓦、千兆瓦

GWSP Global Water Security & Sanitation Partnership 全球水安全与卫生伙伴关系

ICOLD International Commission on Large dams 国际大坝委员会

ICT Information and communications technology 信息和通信技术

IEEE Institute of Electrical and Electronics Engineers 电子与电子工程师学会

IHA International Hydropower Association 国际水电协会

INEEL Idaho National Engineering and Environmental Laboratory 爱达荷州工程和环境国家实验室

IPP Independent power producer 独立电力供应商

ISO International Organization for Standardization 国际标准化组织

KPI Key performance indicator 关键绩效指标

MSC Management service contract 管理服务合同

MTG Low‒impact micro turbine generation technology 低影响微型涡轮发电技术

MW Megawatt 兆瓦 （1000 千瓦）

NPV Net present value 净现值

O&M Operation and maintenance 运营和维护

OEM Original equipment manufacturer 原始设备制造商

OPEX Operating expenditures 运营支出

PPA Power purchase agreement 购电协议

RCA Root cause analysis 根本原因分析、肇因分析

RCM Reliability – centered maintenance 以可靠性为中心的维护

SECO Switzerland State Secretariat for Economic Affairs 瑞士经济事务国务秘书处

SOP Standard operating procedure 标准操作规程、标准操作程序

TOR Terms of reference 工作大纲

TWh Terawatt – hours 太瓦时（10 亿千瓦时）

WHC World Hydropower Congress 世界水电大会

执行摘要

水电是世界上最大的可再生能源发电来源；装机容量持续增长，2018年已达到1290吉瓦（IHA，2019年），占全球可再生能源发电量的60%以上。它的重要性也在增加，因为其可调度性有助于将间歇性可再生能源整合到电力系统中，并使发电环节脱碳成为可能。

然而水电站设施的运营和维护（后文简称为"运维"O&M）并不总是有效的，特别是在发展中国家，这意味着水电站未能实现其全部效益。在瑞士马尔蒂尼市举行的水电站运营和维护研讨会（2016年10月）和在埃塞俄比亚举行的世界水电大会（2017年5月）期间，来自发展中国家和发达国家的主要利益相关方一致认为有必要进一步深入讨论水电站的运营和维护问题，并聚焦于更好的管理体制安排，强化财政资源和人力资源。

虽然大多数发电技术的寿命为20~30年，但维护良好的水电站可运行100年以上。良好的运营和维护实践对保持其长寿至关重要。持续维持良好工作状态的设施可以运行数十年而无需进行大修；如果允许工作状态恶化的设施则需要持续关注，甚至需要频繁的大修。

本书旨在提高公共事业管理人员、决策者和其他利益相关方的意识，从而使为所有现有水电站和在建水电站受益于制定健全的运营和维护战略。与许多其他形式的发电不同，水电站实施稳健的运营和维护策略所需成本在发电价值中所占比例相对较小。然而由于对于维修与设备更换的更高需求以及影响发电所产生损失（直接和间接的）的不断增加，因此未能实施足够和充分的运维可能会导致非常高的生产成本。因此，实施适当的运营维护策略及其相关项目就具有非常高的投资回报率。

本书还旨在为业主❶制定和实施长期的运维战略提供指导。鉴于每个水电站设施的独特性，因此不可能编制出适合各种情况的单一运营维护手册。相反，本书设定了可采用的框架和流程，以制定适当的运维战略。本书还提出了水电站运营和维护的基本原则，并举例说明了当运营和维护的政策、计划和程序不当时的一些后果。

在考虑完善或调动足够的运营和维护计划时，重要的是能够将上游战略考虑与运维项目和运维计划（无论是多年、年度或甚至每月）的实际准备和实施分开，以确定特定水电站设施或水电机组的最佳选择。为了保证高效的运营和维护，首先要制定一个运维战略，然后再确定哪些运维项目和运维计划将随之展开。正如在2017年世界水电大会（WHC）上水电界代表们所确定的优先事项那样，本书聚焦于在探讨需要采取哪些行动以支持实施运维战略之前，需要

---

❶ 本书使用"业主"一词是来界定可能触发和/或监督运维战略制定的任何一个组织，包括资产所有者、开发商和特许权所有人。

考虑和建立一种运维战略的问题。

鉴于运维绩效是一个关键的问题，尤其是在发展中国家和新兴经济体，因此本书侧重于战略制定和对策建议，识别需要进一步培训和能力建设时所处固有环境所面临的挑战。本书还将识别商业环境和政治环境对运维绩效所提出的挑战。

一个运维战略的编制和实施过程可概述为如下步骤：

（1）步骤一：通过全面诊断以确定运维项目的现状，并评估水电厂的效能情况。也要进行技术评估以审查重大设备和基础设施的运营状况，并评估更换和/或修理的必要性。诊断要紧扣关键绩效指标（KPI）的评估。对于新建项目，所进行诊断要为新业主建立起实施一种可持续运维战略的能力。

（2）步骤二：确定通过实施该运维战略所要实现的目标。目标包括：一是要满足技术操作规程，同时要满足法律和法规要求；二是要建立现代维护管理系统，以保护和延长该资产的寿命；三是在保护环境的同时要确保资产和人员的安全。

（3）步骤三：根据步骤一中完成的诊断，实现步骤二中所达到战略目标确定其活动和对策措施。本阶段可考虑能力建设、强化预算控制、改进公司管理、技术服务活动等。

（4）步骤四：基于步骤一、步骤二、步骤三的研究结果探讨运维合同模型。合同模型有如下3种：模型1，业主全权负责运营和维护；模型2，业主将部分运维责任外包给顾问公司、承包商或供应商；模型3，业主将所有运维责任外包给一个独立的运营商。

业主的能力、可利用的当地人力资源以及现状的商业环境和政治环境都是决定采用哪种合同模型所应考虑的因素。特别是在制定外部服务合同时，还应考虑到责任的精心分布和风险的平衡分配。

（5）步骤五：考察实施机构及其人员配置。确保在适当的时间拥有合适的人员、具备适当的技能和经验，这对于一个运维计划的成功与否至关重要。本步骤为施工计划相关的人员配置需求、招聘时间和培训时间提供建议。它有助于制定一个实施组织及其人员配置计划，以确定所需的内部资源和外部资源，以及所需的外部招聘人员和内部培训计划。

（6）步骤六：核算可持续的运维项目所需的财务资源。本步骤旨在确保有足够的资金以支持该战略的实施，这些资金包括常规定期运维，和大修、翻新与设施现代化所需的资金。

（7）步骤七：通过成本效益分析校核该战略。如果成本效益分析表明该战略不可行，或者缺少资金，则可能需要重新考察前面的某些步骤。在本步，还要大力倡导内外利益相关方咨询以校核该运维战略。本书还在支持行动、合同、协议和所需特殊条款等方面提出建议，以确保创造一个有利的商业环境去实施所选择的运维战略。

（8）步骤八：实施该运维战略，也包括制定运营计划。

本书的附录 H 简要总结了 6 个案例研究以论证这些步骤。这些案例涵盖了不同类型和规模的水电设施，并展示了步骤四中所述合同模型的实际应用。这些案例研究的更详细描述，请参阅第 10 章水电站运维战略与实施——案例研究。

本书的附录部分包括有助于运维战略开发的工具，如运维词汇表（附录 A）、技术诊断的仪表板示例（附录 B）、运维团队中的典型职位和岗位描述表（附录 C 和 D）、绩效指标（附录 E）和编制运维战略的工作大纲（TOR）（附录 F）。还提供了经营性支出（OPEX）预算模板（附录 G）。

# 目　录

# 第 1 章
# 水电站运维战略的背景
# 和基本原理

水电是最大的可再生能源，占世界可再生能源发电量的 62%，超过风能发电（21%）和太阳能光伏发电（7%）（REN21，2018 年）。水电被公认为提供广泛的电网支持服务，如储能、气候适应、负荷跟踪和系统惯性。水电也是一种低成本和可持续的能源。必要时通过调度水力发电的能力和其随时启动运行的灵活性，意味着它可以将间歇性的风能和太阳能发电以及其他不可调度发电在整个电网通过电网平衡服务加以整合。

全世界的水电开发仍在继续进行。2018 年新增水电装机约 2200 万 kW（IHA，2019 年），这样全世界水电装机总量达到 12.90 亿 kW 左右（IHA，2019）。2018 年这些设施总发电量为 4.2 万亿 kW·h，约占世界发电量的 16%。

水力发电的一个突出特点是其长寿命的潜力。一座水电站可以运行 100 年甚至更长时间，与此相比其他大多数发电技术运行年限只有二三十年。事实上，世界上有半数水电站的水力发电能力超过 30 年，许多水力发电设施的使用寿命超过 100 年。

自 19 世纪末、20 世纪初以来，就有许多水电站开始运行。《水电评论》杂志的"水电名人堂"栏目❶列出了美国和加拿大有 50 座水电站已经连续运行超过了 100 年。全球其他地区也有更多的案例。这些水电设施中的大多数在过去数年中已经在一定程度上实现了现代化，但大部分水电站的原有土建工程和大坝结构基本保持不变，其涡轮蜗壳、尾水管和其他重型设备可能仍在服役。水电站的这种寿命特别长的特点是独一无二的。

然而，良好的运营和维护实践对于保持这种长寿性至关重要。持续保持良好状态的设施可以运行数十年而无需进行大修。如果电厂不加维护，可能导致工况变差则需要持续关注，并需经常大修改造。

对于新的水电项目，实施适当的运维战略和项目仍然是一种挑战，尤其是在运维能力偏低的国家，这些国家的业主和运营商常常面临着技术自主更新和财务自我平衡的不利条件，这些水力发电厂的现有水电设施尚未充分发挥全部效益。对于发展中国家的国有公用事业公司来说，这一点更为明显，因为许多新项目都位于这些发展中国家。2018 年有超过 85% 的新增水电装机容量安装在亚洲、非洲或南美洲（IHA，2019 年）。

缺乏有效地运营和维护会导致电力生产和收入的损失、很高的燃料替代成本、停机率高、发电功能损失和过早的大修成本。缺乏可靠电力供应的后果对社区经济发展可能会产生严重的代价。在某些国家，水力发电厂的故障会导致热能资源的使用增加，并对环境造成有害影响。糟糕的运营维护实践也会影响职工安全和公共安全。严重失事可能导致人员伤亡、环境损害和财产损失。

鉴于水电设施具有资本密集型的特点，因此运维对水电设施设备尤为重要。由于其特定的设计及所需的大量施工工程，开发水电设施通常需要很长时间才能完成。当水电开发完成之后，由于在其整个生命周期内可以产生低成本（接近于零的短期边际成本）能源，因此具有极高价值。为保持这种价值，水电设施就必须运营良好并加以很好地维护。如果允许水电设施退化将降低其价值，并可能破坏其所服务电力系统的安全。人们可能需要花费多年来恢复一个退化的水电设施，才能使其恢复到既可靠又可持续的运营

---

❶　https://www.hydroworld.com/index/hall-of-fame.html

状态。

在此背景下，世界银行在瑞士经济事务国务秘书处（SECO）的支持下，与国际水电协会（IHA）合作，持续支持推广运维的良好实践和良好模式，并支持为水电站提供充分服务和资产寿命管理的综合工具。

国际水电协会还与其他利益相关方合作，在水电可持续开发指南（水电可持续能力评估委员会和国际水电协会，2018）框架下，也制定了水电设施的可持续发展和可持续运营的通用导则。这些指南旨在界定如何评估水电站的良好行业实践，并为正在评估自身运维实践的业主提供指导。

在瑞士举行的水电站运营和维护研讨会（2016年10月）和在埃塞俄比亚举行的世界水电大会（2017年5月）期间，来自发展中国家和发达国家的利益相关方确定了关于运营和维护的关键挑战，并同意需要深入指导水电站的运营和维护的必要性，重点是聚焦于更好的管理体制、财务资源和人力资源。经过集思广益之后，2017年世界水电大会上咨询的利益相关方将编撰本书以支持运维战略的制定列为水电行业的优先事项。

在瑞士经济事务国务秘书处（SECO）的支持下，通过全球水安全与卫生伙伴关系（GWSP），世界银行同意推动本书的编写以帮助利益相关方，特别是发展中国家的利益相关方，为现有和未来的水电站资产制定一套运维战略。

# 1.1 本书的读者及其目标

本书旨在支持从事现有水电设施和新水电项目运维活动的所有利益相关方，尤其是发展中国家和新兴经济体的利益相关方，在这些国家运维绩效尤其重要，其运维能力常常低下，商业运营环境颇具挑战性。本书的目标读者包括水电资产业主、水电设施管理者、公用事业管理者和来自主管部门的决策者，主要包括如下群体：

（1）国有电力设施。

（2）国家公用实体诸如国家部委和监管机构等。

（3）管理跨界资产的区域公共主管机构。

（4）私营水电开发商和独立电力提供商。

（5）专业化运维运营商。

（6）工程承包商、采购供应商和施工承包商。

（7）金融机构，包括开发银行。

（8）水电开发商。

运维服务提供商和运维顾问公司（可能编制一套运维策略的从业者）也可从本书中受益。

每个水电站本质上是独特的，主要在于其规模大小、位置远近、年限长短、结构布局、目的用途、内外环境、设施设备以及大量的其他参数。因此每个水电站都需要一个定制的、详细的运营和维护战略。虽然本书不能为每种情形态势提供详细的指导，但它的确设定了编制一个运维战略的通用流程、方法和总体框架。

本书的第一个目标是可以提高这样一种认识，即通过良好的运营和维护实践能够实现效益最大化，这些运维对象包括一是现有水电设施或水电站群，尤其是那些绩效低下和运维较差的水电站；二是正在开发的新水电项目。人们应尽可能早地制定一个运营和维护战略，本书期望支持利益相关方承诺实现其水电资产和能源服务的长期可持续能力。

本书的第二个目标是为制定一个运维战略和从事实施该战略的下游活动提供实用的指导，主要包括：

（1）制定一套全面的操作程序。

（2）设计并实施维护项目。

（3）编制年度运营计划。

（4）编制组织计划和人员计划。

（5）确定并编制外包支持合同和运维合同。

（6）编制足够的财务资源规划。

为了便于阅读，本书从水电资产业主的角度出发，关注其资产如何运营和维护，如果是特许经营安排，则应说明水电资产将如何完好地归还给业主。由于特许权持有人追求长期利益往往与水电资产业主相似，因此将其列入"业主"一词中，尽管如本书所述，公共业主和私人业主之间可能存在特定的差异。

一旦业主决定推动制定一个运维战略，他们将任命内部专家或外部专家来制定战略，并实施本书中提出的部分步骤或全部步骤❶。

注：本书中的运营和维护（O&M）是指水电设施运营和维护所需要的所有活动，包括修补和大修翻新。尽管水电站的运营和维护应该遵循一个全面的大坝安全计划，但本书并未对大坝安全方面进行详细说明，因为大坝安全方面的指南可以大量获取（其中一些指南已在第 1.3 节中列出）。因此在本书中所称的水电设施是指需要运营和维护关注（大坝安全除外）的所有基础设施和机电设备。它通常包括水力发电厂（土木工程和机电设备）、压力管道、输水管、溢洪道、水力机械、电气设备和电子设备、大坝坝体、水库及其周边地区（包括水文气象站）。

## 1.2　水电站运营和维护的关键构成

在本书中，运维指的是运营和维护水电设施所需的所有活动，包括维修和更新改造。现代化，包括升级和重新调整用途，通常不包括在运维日常活动中，应纳入电厂的基本建设项目。

本书中运维的指导原则旨在：

（1）提高水电站的效率和可靠性，即通过考察水电站的整个生命周期，从项目设计、施工、投产、运行和更新改造，到寿命终止的退役拆除。

（2）保护自然环境、职工和周围社区。

（3）使利益相关方利益最大化，包括提供低成本、可靠的可再生能源。

---

❶　为了界定和监督咨询团队的工作范围，业主可以使用附录 G 中的工作大纲模板（TOR）。

这些指导原则的核心，对运维来说，就是良好的管理。提高管理能力的措施对运维战略的制定和实施至关重要。案例研究1（Statkraft）和案例研究2（Mount Coffee）探讨了通过管理改革来大幅提高绩效和降低成本的范例。

# 1.3 运营和维护不善的后果

## 1.3.1 事故模式（failure mode）

糟糕的运营和维护会危及职工安全和公共安全，威胁设施的完好率，造成环境破坏，违反监管规则，并通过牺牲收入和利润来妨碍公用设施的财务可持续能力。下面是水电设施可能发生的各种事故（失事）的案例：

（1）安全事故（safety failure）可能导致人员伤亡，并对环境和社会造成影响。水电设施通常包括挡水建筑物（大坝）、在高压力高电压下运行的设备和大型旋转机械。安全事故的威胁很大，电厂内部和周围都存在各种各样的危险（hazard）。安全风险（risk）可能由设备故障或结构故障引起，但也可能由设计缺陷和规划不周、操作不当、操作指南不充分和缺乏沟通交流引起。公共安全风险通常发生在水电设施的下游，其存在的灾害性条件可能是由于不受控制的泄水和预警系统不足引起。

（2）环境破坏（environmental failure）可能对电站环境或当地社区产生不利影响。水电设施可能释放污染性化学物质（例如变压器爆炸）、水管理不善、泥沙泄放，以及水库不当运行可能会对生态造成不利影响。老旧设施可能会使用有潜在污染或致癌的润滑剂和消耗品，这些物品需要严格控制和精心处置。因环境破坏或安全故障造成流离失所的人应重新安置，并获得生计补偿。这些项目需要管理和支持。

（3）监管失灵（regulatory failure）是由于不遵守法律、许可条件和法规条例造成的。这些法规涵盖了数量繁多的问题，包括工作条件、健康和安全、河流管理、电网标准、输配程序、劳动法以及公司治理和合规性。虽然直接收入损失可能不是监管失灵造成的，但所遭受的裁决可能包括财务处罚或商业处罚、执照吊销和监禁等。

（4）经济损失（economic failure）可能由电力生产损失、高级设备更换和/或重建成本造成的。这些情况可能是由于设备故障（如定子绕组故障、主机变压器故障或高压电缆故障）造成的，但也可能是由于操作不善造成的，如未能清理拦污栅和沉砂池，或水库运行不理想等。通常可以通过监测、测试和趋势分析来预测这些故障，然后及时采取措施减少经济影响。

## 1.3.2 事故的案例

近年来，水电设施的事故已经造成了电量损失、资产损坏、第三方财产损失和人员伤亡。表1-1列举的典型事件显示了运营和维护不尽如人意的有害影响。尽管其中的有些事故是由于设计缺陷造成的，但糟糕的运营和维护叠加上设计缺陷可能带来灾难性后果。此外，通过有效实施强有力的运维战略和履行严格的程序，可以预防或减轻这些事故。

表 1-1　　　　　　　　　　　2005—2017 年水电设施的主要事故

| 水电设施及其位置 | 事 故 描 述 | 投产年份 | 事故年份 |
|---|---|---|---|
| 美国密苏里州托姆索克水电站（Taum Sauk） | 仪表故障和控制系统不足导致上游水库漫顶，护坡大面积破坏，在不到 30min 排水 400 多万 $m^3$。没有一人死亡，但有 5 人受伤。事故造成周围景观的永久性破坏，直到 2010 年才恢复发电 | 1962 | 2005 |
| 印度英迪拉萨加尔水电站（Indira Sagar） | 估计有 30 万人聚集在德瓦斯市附近纳玛达河边的英迪拉萨加尔大坝下游沐浴。大坝操作人员在夜间打开防洪闸门后下游水位上升，下游地区却没有得到及时的警报。有 150 多人被卷走。人为失误、大坝安全和公共安全指南不足是造成这次事故的主要原因 | 2005 | 2005 |
| 俄罗斯萨扬-舒申斯克大坝（Sayano-Shushenskaya） | 一长串的运行和维护事故最终导致其中一台涡轮机过度振动和顶盖螺栓故障，导致发电厂房被毁，发电损失 600 万 kW，造成 75 人死亡 | 1978 | 2009 |
| 印度陶利根加水电站（Dhauliganga Hydroelectric Station） | 2013 年 6 月，在北阿肯德邦暴发史无前例的山洪，导致发电厂完全淹没。事故造成大量垃圾堆积、电气设备更换，发电能力（28 万 kW）损失超过 6 个月 | 2005 | 2013 |
| 美国奥罗维尔大坝（Oroville） | 美国最高的水坝，其溢洪道在冬季暴雨后运行期间发生事故。应急溢洪道开始运行之后其下游边坡快速冲刷侵蚀。造成居住在大坝下游 18.8 万人被疏散 | 1967 | 2017 |

图 1-1 显示了 2009 年俄罗斯萨扬-舒申斯克（Sayano-Shushenskaya）水电站事故造成的部分损失。这起事故是最声名狼藉的事故之一，其原因归咎于运营和维护不当，这也说明了维护的长期缺乏所造成的严重后果。

自 1928 年[❶]国际大坝委员会（ICOLD）开始记录以来，全世界现有大约 36000 座大型水电站大坝，其中已经报道了大约 300 起事故。ICOLD 报告显示，在过去 40 年中，事故率降低了 3/4。泄洪建筑物的失事或库容不足是大坝失事的最常见原因，这通常是设计缺陷，而不是运营和维护不足的结果。然而需要定期评估现有设施的运行参数，特别是气候变化对现有设施的影响应有新的认识和理解。

重大事故（major pailures）可能由一连串或连续的小事件引起，从而导致一个重大事件（major incident）的发生。这些事故可能是由于维护不当或维修不足，以及维修之后设备未能证明其满足全面运行条件和良好工况条件造成的。

除了上述灾难性事故之外，重大的经济损失也比较常见。刚果民主共和国的因加 1 号和 2 号等设施多年来一直投资不足。在附录 H 中对案例研究 3 进行了简要说明，并在第 10 章—水电站运维战略与实施——案例研究中进行了详细介绍，说明了卡因吉（Kainji）电站的此类事故，在 2013 年私有化时，已安装的 8 台机组中没有一台可以发电。

❶　国际大坝委员会，2017. International Commission on Large Dams—ICOLD. 2017. Dams' Safety is at the very origin of the foundation of ICOLD. Available at http：//www.icold-cigb.org/GB/dams/dams_safety.asp.

图 1-1 2009 年俄罗斯萨扬-舒申斯克水电站发生事故

理论上价值为 20 亿美元的一座水电设施本应每年发电产生数亿美元效益，但却一无所获。正如案例研究所示，私有化之后水电厂的运营状况有了很大改善。

## 1.4 为何及何时制定一个运营和维护战略

### 1.4.1 一个有效的运营和维护战略的期望效益

与大多数其他发电技术相比，水电站应具有非常高的可利用率和更长的期望寿命，在有利条件情况下，可利用率可达 95％以上。只有这些水电设施采用良好实践来进行操作和维护，才能实现如此高的可利用率水平。

一种有效的运营和维护战略将保护环境安全、职工安全和公共安全，同时通过高效的运营和维护实践将最大限度地提高水电设施的效益。它将提高这些设施的使用寿命，并确保高水平的可利用率。

特别地，一个有效的水电运营和维护策略应达到以下目标：

（1）提高公共安全、员工安全和电厂安全。

（2）确保水电设施的整个生命周期寿命期投资（和投资回报）。

（3）要有一个长期（大于 10 年）的大修和更新计划，以延长水电设施的使用寿命。

（4）确保设施的可靠高效运行，以达到或超过其预期发电量和收入目标。

（5）遵守法律、监管、环境和社会保障责任，并履行其义务。

（6）提供人力资源的高效能力，包括对所有运维人员进行培训，并使其获得所有必需的工具和信息。

（7）识别影响运维服务绩效的外部因素，并识别值得关注和沟通交流的外部因素。

（8）提高业主内部组织机构和公用事业部门成员的对运维相关性的认识。

（9）支持并维持业主和运营商的财务生存能力。

本书附录 H 总结的案例研究清楚地说明了一种有效的运营和维护战略的商业效益，

并在第 10 章水电站运维战略与实施——案例研究中进行了详细说明。例如案例研究 1 中所涉及的巴西 Statkraft 资产中，通过实施一种改进的运营和维护战略实现了更高的可利用率（巴西基于收入的参数之一）、减少了超过 30％的工作量（员工工时）并降低了近 40％的总成本。

### 1.4.2　何时制定运营和维护战略

为水电设施制定一个运营和维护的新策略的主要原因包括：

（1）业主和管理层可能认识到水电设施没有充分发挥其潜力，并希望增加收入和盈利能力，降低运营和维护成本。

（2）业主可能希望将现有运营和维护实践与国际最佳实践对标。

（3）新型设施或更新项目的出资人可能需要评估业主的运营和维护能力，以确保这些设施的可持续运行。

（4）监管机构可能鼓励评估以确保电网的供电安全，并使其法律合规/安全合规。

大多数设施将受益于其运维策略的改进，并不应视为未能推动本书中所搭建的流程。运营和维护的诊断审查和战略制定还将通过培训、应用现代工具、软件和流程以及设立适当的预算，以帮助业主和管理者提高其运营绩效。

现有设施（existing facilities）：当现有水电设施不能按预期运行时，通常需要一种运营和维护战略以使其恢复其目标绩效。基于工况评估、发电记录和其他数据对这些问题进行诊断，就可以制定策略。诸如改变操作方式等若干行动可以立即引入，其成本很低。而需要资产置换、大修和重建等行动可能需要数年才能实施。

新建水电项目（new project）：对于新的水电项目，需要在开发的早期阶段就要考虑所需要的运营和维护方法，因为这些运维策略将影响项目设计。项目利益相关方（包括业主、运营商、设计师和可能的设备供应商和承包商）之间的合作将有助于界定概念，这些概念包括有人或无人设施的选择、数据采集和遥测的要求、提供住宿、控制室和其他与人员有关的设施。它还将影响主体部分的设计，如大坝类型、溢洪道的选择、泥沙和垃圾管理方法以及现场所提供的维护设施的范围。这一概念的形成应考虑到利益相关方讨论中产生的环境制约因素和社会经济制约因素。

通过证明早在项目设计阶段就考虑了高效的运营和维护的合同要求、人力资源要求和组织要求，这样一个完善的运营和维护战略也有可能给资助者、承购者和主管部门带来信心。这一战略也将确保在项目成本和商业模式中考虑运营和维护职责的筹备成本和实施成本。在业主/开发商的运维能力较差的情况下，制定一个运营和维护战略（可能包括指定外部承包商）可能是融资的先决条件。在这种情况下，建议提前进行市场调查，以确定运维承包商或顾问公司的参与意愿。

对于新建水电设施，应在可行性研究阶段就制定一个运营和维护战略，如图 1-2 所示。

在进行可行性研究和详细设计时，现在的标准做法是编制风险管理矩阵，以便在从开发、施工和运营到退役所有阶段去识别项目风险、减轻项目风险并管理项目风险。这样一个矩阵应涵盖运营和维护的所有方面，包括技术风险、安全风险、商业风险、环境风险和声誉风险。该矩阵应该是一个动态的文本，并定期更新。

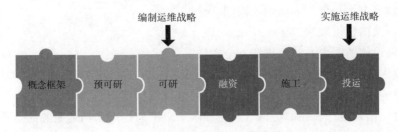

图1-2 新建水电站编制运营和维护战略的时间表

在咖啡山（Mount Coffee，案例研究2）的案例研究中讨论了没有提前考虑运营和维护全部要求的水电站问题。其中一些关键部分的资本成本，如操作人员居住的村庄、工作车间和大型维修设备等，并不包含在项目重建的资金中。后来证明，很难从该水电设施的收入中为这些组成部分提供资金，从而导致工作人员留用和设备操作方面的困难。

为了帮助业主确定是否适合为一座水电设施或水电设施群制定一个新的运营和维护战略，人们可以使用图1-3中的流程图。

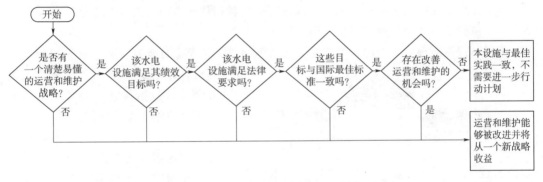

图1-3 需要制定一个新的运营和维护战略的流程图

无论是对于现有电厂还是对于一个新的水电设施群，都应定期审查所有的运营和维护战略，并同时考虑历史业绩、不断变化的条件和潜在的新挑战等。

## 1.5 拟议的循序渐进方法

现在不存在一个能够适用于所有水电设施的运营和维护战略。一个运营和维护战略必须调整到足以考虑到各种各样的、往往是独一无二的影响因素，包括：

（1）一个国家（若干国家）的实力及其经济发展规模。

（2）水电站位置（本国或多国）和便利性/偏远程度。

（3）水电站类型、寿命、规模和设施的装机发电能力。

（4）一座水电设施或水电设施群的操作限制〔电网规范、购电协议（PPA）要求、环境影响评估（EIA）、环境许可证、环境流量、防洪、梯度控制等〕。

（5）该地区能源主管部门强加的环境管制要求。

（6）跨界问题和综合利用问题。如流域管理、灌溉需求等。

（7）影响水电站运营的本地输电限制。

（8）水电站的机组数量。

（9）水电设施的业主及其运维和安全方法。

（10）业主的能力水平。

（11）单一水电设施或加入到现有的一个水电设施群中。

（12）每一座发电厂在能源结构（业主和国家）中的作用和辅助服务的要求。

（13）本地劳动力的技术水平和管理能力。

（14）电力部门的成熟程度和水电设施的自主程度。

（15）运营和维护支出管治的行政稳定性和透明度。

（16）监管的独立程度和行政干预水平。

人们需要对这些因素进行分析，以便深入理解的运维战略的合理设计，然后制定一个更详细的运维计划。

## 1.5.1　一种循序渐进的方法

本书提供了循序渐进的指导原则，以帮助决策者和从业者应对制定一个运维战略的复杂性。它包括如下 8 个步骤和操作（图 1-4）。

步骤一：诊断现有运维的计划安排、预算和业主/运营商的能力水平。对于现有水电站群，评估这些资产和服务的状况和绩效，包括与大型设备相关的风险以及更换和维修的需要。

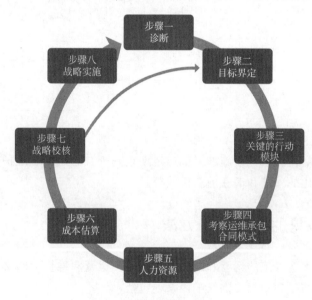

步骤二：基于上述诊断，确定通过实施运维战略要实现的目标。

步骤三：考察为实现这些目标而开展的各种活动。

步骤四：根据步骤一确定的能力和步骤三选择的活动，考察运维的合同模式，以确定哪些活动需要内部实施，哪些活动将其外包。

步骤五：根据业主的能力水平和对外部培训与人力资源的要求，考察组织机构设置和人员配置方案（以及组织结构图）。

图 1-4　运营和维护战略的程序

步骤六：估算实施所选合同模式所需的财务资源，包括所有外包合同。

步骤七：进行成本效益分析，以评估拟议战略的经济可行性。如果该战略没有通过经济可行性测试，则可能需要返回步骤二并调整目标、活动和资源。一旦拟议战略的财务可行性得以实现，就可以寻求内部校核和外部校核。

步骤八：实施战略，制定年度计划、五年滚动运营计划和更长期的资本项目。该战略的总体绩效将通过关键绩效指标（key performance indicators，KPIs）加以监测。

一个运营和维护战略的最终版本将包括8个步骤中每个步骤的关键发现，即

（1）对水电站群、其环境、运维实践和资源进行全面诊断，包括大坝安全问题和社会环境方面的问题。

（2）明确界定基于关键绩效指标的目标。

（3）确保实现预期绩效的具体活动。

（4）选择的合同约定能充分调动外包运营商。

（5）人力资源计划，包括培训、招聘和必要的重组。

（6）部署该战略所需财务资源的成本估算。

（7）成本效益分析，包括筹资计划和风险管理计划。

（8）实施计划，包括监测协议和评估协议。

## 1.5.2 筹备运营和维护战略

着手制定一个新的运营和维护战略时，大多数机构都会聘请一个外部顾问机构进行研究并制定战略。这些咨询服务的工作大纲模板（terms of reference，TOR）可见附录F，并可根据业主或主管机构的需要进行调整，并引导此类实践活动。如果该组织有能力在内部进行这项研究，工作大纲可以为这项内部研究提供指导。

# 第 2 章
# 步骤一：作为战略先决
# 条件的运营和维护知情诊断

第 2 章步骤一的目标一是评估运营和维护的团队和服务提供商的能力；二是评估水电站的绩效和状态（通过工况评估）。诊断（包括肇因分析或根本原因分析）能识别运营和维护战略中需要特别注意的问题。对于新建水电设施，诊断的重点在于通过评估业主/运营商负责或曾经负责的现有电厂经验来确定其能力。

# 2.1　诊断运营和维护的绩效和关键绩效指标（KPI）

对寻求改善现有水电站群的安全和运维绩效的业主或运营商而言，建议在对现有绩效进行全面诊断之后再开始准备编制一个运营和维护战略。这种评估旨在确定安全指标和衡量的绩效是否符合内部目标和外部目标，是否符合良好的行业实践标准。

这种诊断的预期结果是确定运营和维护的哪些方面需要改进，并确定业主是否需要外部援助来运营其资产。诊断也是一个很好的初步工具，这种工具可用来评估现有设备的状况，确定修缮的优先次序，并在必要时开展相关的可行性研究，以提高绩效并确保未来的安全运行。

对现有水电站群的绩效诊断可以集中在合同或标准行业的关键绩效指标上。在为现有水电站群增加新的水电站进行融资时，应考虑当前水电站群的运维绩效记录。这将有助于指导新水电站设施的运营和维护战略，并可能引发现有水电站群的运营和维护战略的变化。如果新水电项目是一个独立运行的水电设施，属于同一个独立发电商（IPP）开发的水电设施，那么可以用相同的关键绩效指标对独立发电商负责的以往水电设施或现有水电进行评估。

电力公司可以使用许多不同的绩效指标来监测其水电设施的绩效。

表 2-1 给出了每个绩效领域常用关键绩效指标。

在现有水电站中，在理想情况下可利用 3～5 年的绩效指标来确定其趋势。尽管 12 个月的指标足以提供简单的绩效，然而在许多水电站中，尤其是绩效较差的水电站设施中，可能无法获得这一水平的数据。缺乏数据本身就是一个绩效指标。在这些情况下，改进数据收集应成为运营和维护新战略的一个重要组成部分。

**表 2-1**　　　　　　　　　　　**关 键 绩 效 指 标**

| 绩效类型 | 关 键 绩 效 指 标（KPI） |
|---|---|
| 安全和健康 | ● 损工事故数：事故发生率—在工作场所导致工作人员第二天不能上班的事故数量<br>● 因伤损失的人天数（事故严重程度）<br>● 高风险事件数量<br>● 每月记录到的火灾、爆炸或安全问题的数量<br>● 项目的进场道路和场地内的车祸数量<br>● 报告的未遂事故数量（未遂事故数量）<br>● 其他指标：班组主管到现场履职的百分比<br>　　　　　　员工参加安全会议/安全培训计划<br>　　　　　　事故调查建议的执行情况 |

续表

| 绩效类型 | 关 键 绩 效 指 标 (KPI) |
|---|---|
| 财务 | ● 运营和维护活动支出与运营和维护预算 (百分比表示)<br>● 资本支出成本与资本预算 (以百分比表示)<br>● 特殊维护成本与特殊维护预算 (以百分比表示) |
| 电厂 (机组) | ● 电厂设备利用率<br>● 计划停机与实际维护停机<br>● 机组强迫停运率<br>● 弃水水量 (立方米或平均发电厂进水量的百分比)<br>● 实际发电量与理论发电量 (使用实际水文数据)<br>● 其他指标：应急运维工作量/总运维工作量 (以百分比表示)<br>　　　　　　完成的维护工作量/计划的维护工作量 (以百分比表示)<br>　　　　　　调查的停机百分比 (肇因分析或根本原因分析)<br>　　　　　　停运调查建议的实施百分比<br>　　　　　　库存水平 (与计划水平或供应商建议的匹配程度) |
| 环境影响 | ● 未遵守环境流量义务的事件周数<br>● 对环境有害的产品〔石油、六氟化硫 ($SF_6$) 等〕的排放次数<br>● 违反大坝安全监管规定的次数<br>● 生活用水和污水处理不合规事件的数量<br>● 鱼类死亡和搁浅的事件数量<br>● 其他指标：应急响应方面接受培训的员工百分比<br>　　　　　　接受大坝安全培训的员工百分比<br>　　　　　　检查泄洪响应手册的员工百分比 (每年)<br>　　　　　　因流量大和漫顶风险引起的紧急呼叫次数 |
| 社会影响 | ● 当地社区和非政府组织提交的索赔数量<br>● 安排当地利益相关方参观水电设施的次数<br>● 当地社区利益分享行动的次数<br>● 电厂员工参与促进与当地社区沟通的活动数量 |
| 员工技能与关系 | ● 员工有个人发展计划的百分比<br>● 完成绩效考核的百分比<br>● 达到发展计划目标员工的百分比<br>● 调查员工满意度指数<br>● 员工留用数据 (平均年限)<br>● 因罢工或行业行动损失的天数 |

战略制定的诊断步骤并不需要详尽无遗。相反，它可以是一个相对较高级别的审查，重点聚焦于最相关的关键绩效指标的清单。

表 2 - 2 所示的关键绩效指标提供了足够高的水电站群运维绩效 (但不是潜在驱动因素)。

表 2-2 水电机组运维绩效的最小关键绩效指标

| 关键绩效指标<br>（KPI） | 描 述 | 计 算 方 法 |
| --- | --- | --- |
| 设备可利用率<br>（Availability Factor，AF） | 表示该基础设施进行管理维护计划的程度，以保持发电机组（站）和/或相关输电线路（如适用）处于运行状态 | AF（用百分比表示）＝（可利用小时数/报告期小时数）×100<br>可利用小时数是指运行小时数（机组/线路接入电网的小时数）和备用停机小时数（机组可用，但因经济原因、水文原因或调度原因停机）的总和 |
| 强迫停运率<br>（Forced outage rate，FOR） | 表示计划外停机的频率，与设备的健康状况密切相关 | FOR（用百分比表示）＝强迫停运小时数/（强迫停运小时数＋运行小时数）×100<br>FOR 是一个机组（或线路）由于即时、延迟或延迟的强制停机而停止服务的所有小时数的总和。强迫停运是指由于电厂内的非计划部件故障或其他情况导致的停运，这些情况要求机组或线路立即停运或在下一次常规停运前停止运行。运行时间是机组并网期间所有小时的总和 |
| 环境—社会绩效 | | 未满足环境监管、环境许可证和/或公司环境和社会政策的事件数量，包括污染预防和减轻污染❶、流域管理、水库管理、下游和补偿流量管理、水质和社会行动计划 |
| 事故发生率<br>（Accident frequency rate） | 表示在特定时间段内损工（损失工作日）事故的频率 | （损工数量×100000）/暴露时间（工作小时数）<br>损工是指由于某种职业活动（包括往返工作场所的旅程）的直接原因，导致工作人员在受伤后某天（或某些天）无法工作的工伤。死亡不被视为损工 |
| 事故严重程度<br>（Accident severity rate） | 表示工作场所受伤的严重程度和/或与受伤引起的死亡人数 | （损失天数×100000）/暴露时间（工作小时数）<br>损失天数表示员工受伤后无法工作的日历天数。损工工伤是指直接因职业伤害造成的超过受伤日期的损失天数的工伤 |

人们应尽可能在诊断中识别其长期趋势，以确定关键绩效指标是在改善还是在恶化。假设有足够的资料对上述关键绩效指标进行高级别评价，可以寻求关于人力资源管理方面的补充资料，例如工作人员与能源生产、装机容量和培训投资的比例。

财务指标可能有助于了解电厂运营和资本预算的资金充裕度，并有助于理解税收返还是否有足够的资金来支持可持续的运营和维护。

## 2.2 系 统 风 险 评 估

如果水电站尚未进行任何一次风险评估，强烈建议应该准备一份风险评估报告。在编制风险评估矩阵时，评估系统的每个功能组件的故障概率及其故障对安全和收入的影响/后果。基于概率和影响的组合，应对风险的严重程度进行分类。

人们应该使用故障模式、影响和危害性分析（failure mode，effects，and criticality

---

❶ https：//www.ifc.org/wps/wcm/connect/topics_ext_content/ifc_external_corporate_site/sustainability-at-ifc/policies-standards/ehs-guidelines analysis，FMECA）进行更深入的风险分析，即识别故障模式，界定故障后果，分配故障概率并量化其危害性。本过程应是在故障发生之前作为规划工具使用。这与 2.4 节讨论的肇因分析（或根源分析，root cause analysis，RCA）不同，肇因分析是在故障发生之后进行的。如果尚未对水电设施进行 FMECA，出于成本考虑，不太可能仅为确定运维战略而进行 FMECA。

适用于故障概率、影响和风险级别的分类数量应根据各个组织机构的具体实务而有所不同，但通常每个组织机构使用 4～5 个类别。图 2-1 所示的案例使用了 5 个类别来表示故障概率和影响，4 个类别来表示风险级别。

应该确定分类的数量及其术语，并与该组织机构在其他类型的风险分析中使用的术语相匹配。

本例中使用的 5 种概率（likelihood）分类：一是不太可能（unlikely）；二是很少、不常（seldom）；三是偶尔、偶然（occasional）；四是可能、或许（likely）；五是肯定、确定（definite）。

本例中使用的 5 种影响（impact）分类：一是微不足道的、无关紧要的（insignificant）；二是小的、不重要的（marginal）；三是中等的、适度的（moderate）；四是关键的、严重的（critical）；五是灾难性的（catastrophic）。

本例中使用的 4 种风险的严重程度（risk's criticality）分类：一是低（low）；二是中等（medium）；三是高（high）；四是极端（extreme）。

为了保持风险评估中的一致性，可将故障（事故）发生的概率与可能性类别相关联，并可将财务措施和/或其他措施（如死亡概率或停运历时）分配给影响分类。

人们在进行评估分析时应该为每一类概率和影响分配数量值。这些数值可被分解成一个"风险数"。人们应该给每一个范围被分配给一个风险等级，然后就可以根据风险数所在的范围来界定每个组成部分（组件）的风险等级。类别和范围的数值可以不同，并确保将概率和影响的组合分配成适当的风险水平。

如图 2-1 所示，在本例中任何微不足道的风险都被归类为低风险，任何灾难性风险都被归类为极端风险，除了不太可能（unlikely）的概率，在此情况下它被归类为高风险。概率和影响有 25 种组合。

| | | 影响 | | | | |
|---|---|---|---|---|---|---|
| | | 微不足道 | 小 | 中等 | 严重 | 灾难性 |
| 概率 | 不太可能 | 低 | 低 | 低 | 中等 | 高 |
| | 很少 | 低 | 低 | 中等 | 高 | 极端 |
| | 偶尔 | 低 | 中等 | 高 | 高 | 极端 |
| | 可能 | 低 | 高 | 高 | 极端 | 极端 |
| | 肯定 | 低 | 高 | 高 | 极端 | 极端 |

图 2-1 风险矩阵

图 2-2 显示了使用这些类别对水电站部件的状况进行高级别风险分析的示例。这种高级分析不考虑每个组件的单一风险（即不同类型的故障）。相反，它将所有机组结合在一起。通常情况下多机组水电站中的每个机组将分别进行评估，因为它们可能具有不同的年限、不同的运行历史和不同的大修历史，也具有其他独特的特点。

| 编码 | 分类 | 设　　备 | 风　　险 | 风险分级 | | |
|---|---|---|---|---|---|---|
| | | | | 概率 | 影响 | 风险级别 |
| | **电器设备** | | | | | |
| E1 | 电站用设备 | 厂房厂用交流系统 | 电厂操作失灵 | 偶尔 | 中等 | 高 |
| E2 | 电站用设备 | 电站照明 | 电厂和员工安全 | 偶尔 | 小 | 中等 |
| E3 | 电站用设备 | 厂房直流系统 | 非计划停运 | 很少 | 中等 | 中等 |
| E4 | 电站用设备 | 厂房柴油发电机 | 无黑启动功能 | 很少 | 小 | 低 |
| E5 | 电站用设备 | 厂房电池系统 | 电厂操作失灵 | 偶尔 | 中等 | 高 |
| E6 | 电站用设备 | 电站厂用变压器 | 电厂操作失灵 | 很少 | 中等 | 中等 |
| E7 | 电站用设备 | 火灾探测系统 | 电厂和员工安全 | 很少 | 严重 | 高 |
| E8 | 保护与控制 | 保护与控制系统 | 非计划停运 | 偶尔 | 中等 | 高 |
| E9 | 调速器 | 1号机组调速器控制装置 | 非计划停运 | 偶尔 | 中等 | 高 |
| E10 | 变电站 | 115 kV CBs（电路切换器） | 非计划停运 | 很少 | 中等 | 中等 |
| E11 | 变电站 | 115kV避雷器 | 非计划停运 | 很少 | 中等 | 中等 |
| E12 | 变电站 | 115kV电压互感器和电流互感器 | 非计划停运 | 很少 | 中等 | 中等 |
| E13 | 变电站 | 燃油加注装置变压器 | 非计划停运 | 很少 | 中等 | 中等 |
| E14 | 变电站 | GSU上的DGA监视器 | 非计划停运 | 很少 | 中等 | 中等 |
| E15 | 中压系统 | 4.16 kV 开关设备 | 非计划停运 | 很少 | 中等 | 中等 |
| | **机械设备** | | | | | |
| M1 | 水工闸门 | LLO闸门、液压驱动装置和水力发电装置 | 公共安全事故 | 不太可能 | 灾难性 | 高 |
| M2 | 进水口 | 进水口门、液压驱动装置和水力发电装置 | 非计划停运 | 很少 | 中等 | 中等 |
| M3 | 进水口 | 拦污栅和清洁器 | 增加维修成本 | 可能 | 小 | 高 |
| M4 | 尾水管闸门 | 尾水管叠梁和从动件 | 不能执行维修任务 | 很少 | 小 | 低 |
| M5 | 辅助设备 | 冷却水系统 | 增加维修成本 | 偶尔 | 小 | 中等 |
| M6 | 辅助设备 | 机组发电装置 | 增加维修成本 | 不太可能 | 小 | 低 |
| M7 | 发电机 | 发电机定子（转子） | 增加维修成本 | 不太可能 | 中等 | 低 |
| M8 | 发电机 | 发电机转子磁极和励磁机 | 增加维修成本 | 很少 | 中等 | 中等 |
| M9 | 涡轮机 | 涡轮机组（含转轮） | 非计划停运 | 很少 | 中等 | 中等 |
| M10 | 水系统 | 厂房厂用水系统 | 电厂和员工安全 | 很少 | 中等 | 中等 |
| M11 | 暖通系统 | 厂房暖通系统 | 非计划停运 | 很少 | 中等 | 中等 |
| M12 | 水系统 | 污水泵和油水分离器 | 环境隐患 | 可能 | 小 | 高 |
| M13 | 起重机 | 厂房OH起重机（电气和控制） | 不能执行维修任务 | 偶尔 | 中等 | 高 |
| | **土木工程** | | | | | |
| C1 | 进场道路 | 进场道路平整 | 电厂和员工安全 | 肯定 | 中等 | 高 |
| C2 | 安全吊杆 | 安全吊杆结构和浮子 | 电厂安全 | 可能 | 中等 | 高 |
| C3 | 碎片吊杆 | 碎片吊杆接结构和浮子 | 电厂安全 | 可能 | 中等 | 高 |
| C4 | 输水设施 | 引水渠、取水口和尾水渠 | 增加维修成本 | 肯定 | 小 | 高 |
| C5 | 桥 | 桥梁结构 | 电厂和员工安全 | 很少 | 中等 | 中等 |
| C6 | 主坝 | 堆石坝结构 | 电厂安全 | 不太可能 | 灾难性 | 高 |
| C7 | 主坝 | 量测仪器仪表 | 电厂安全 | 很少 | 中等 | 中等 |
| C8 | 溢流式溢洪道 | 溢流式溢洪道混凝土结构 | 电厂安全 | 很少 | 严重 | 高 |
| C9 | 溢流式溢洪道 | 溢流式溢洪道渠道 | 电厂安全 | 偶尔 | 严重 | 高 |
| C10 | 低位溢洪道 | 低位溢洪道混凝土结构 | 电厂安全 | 很少 | 严重 | 高 |
| C11 | 低位溢洪道 | 低位溢洪道 | 电厂安全 | 很少 | 严重 | 高 |
| C12 | 低位溢洪道 | 低位溢洪道设备楼 | 增加维修成本 | 偶尔 | 微不足道 | 低 |
| C13 | 取水口 | 进水墩 | 增加维修成本 | 很少 | 小 | 低 |
| C14 | 取水口 | 进水口平台 | 员工安全 | 偶尔 | 小 | 中等 |
| C15 | 取水口 | 进水口上部结构 | 增加维修成本 | 可能 | 小 | 高 |
| C16 | 压力管道 | 压力管道工程 | 电厂安全 | 很少 | 严重 | 高 |
| C17 | 压力管道 | 压力管道附属结构 | 电厂安全 | 偶尔 | 中等 | 高 |
| C18 | 发电站厂房 | 厂房下部结构 | 增加维修成本 | 不太可能 | 中等 | 低 |
| C19 | 发电站厂房 | 厂房上部结构 | 增加维修成本 | 很少 | 小 | 低 |
| C20 | 发电站厂房 | 厂房屋顶 | 增加维修成本 | 可能 | 小 | 高 |
| C21 | 发电站厂房 | 涡轮排出室 | 电厂清洁-卫生 | 肯定 | 小 | 高 |
| C22 | 发电站厂房 | 生活用水和化粪池系统 | 员工安全 | 很少 | 小 | 高 |
| C23 | 发电站厂房 | 尾水墩 | 公共安全 | 很少 | 中等 | 中等 |
| C24 | 发电站厂房 | 尾水平台 | 员工安全 | 偶尔 | 小 | 中等 |
| C25 | 鱼类栖息地 | 鱼类栖息地结构 | 环境合规性 | 可能 | 小 | 高 |
| C26 | 通用 | 大坝安全 | 公共安全 | 可能 | 微不足道 | 极端 |
| C27 | 通用 | 公共安全 | 公共安全 | 很少 | 严重 | 高 |

图 2-2　水电站部件条件的风险矩阵案例

更成熟的分析可以界定单个风险（通常是单个组件的若干潜在故障模式），可以分配概率和收入损失影响，并考虑安排必要的保险来减轻损失。这种分析使风险能够以定量的方式进行排序。当结合使用蒙特卡罗类型分析时，可以生成一个收入损失概率剖面图。然而，通常不使用这种详尽的分析来作为运维战略制定的一部分。高级别评估就足够了。

## 2.3 水电资产工况评估

水电站群中最关键部件的工况评估对于理解水电站的恢复、保护和/或现代化所需的任何工程的特性和范围至关重要。需要大修本身并不表明存在运营和维护方面的缺陷，如果有些部件未到使用寿命，则大修的需求可能是关键指标之一。人们需要进行调查，以确定在水电站给定的使用年限和运行小时数内其大修需求是否合理，或者确定是否因运维实务不足而需要大修。对于大型的水力机械或土木结构物，由于现场条件不佳、原始设计存在缺陷，或质量不佳或施工方法不足，也可能需要进行修复。

评估结果将有助于制定运营和维护战略，对运营业务环境带来变化后确定业主的能力非常重要。对水电设施进行工况评估将有助于确定当前和未来的投资要求，尤其是在不太可能获得的电厂绩效指标情况下更是如此。

工况评估应提供足够的信息，并告知利益相关方如下事项：

（1）所有资产的自然条件，包括电气、机械、水力机械和土木结构；配套输电线路；变电站；员工住房公寓；行政办公大楼；交通道路、供水和废水处理厂等相关基础设施。

（2）合适的（appropriate）消耗品、资本备件和其他关键替换部件的可利用率。

（3）恰当的（proper）设备、工具和车辆的可利用率。

本次评估将确定机组可利用率、计划停机和强制停机，以及如果运维实践业务照常（business as usual，BAU）继续下去对发电和收入产生的影响。此处的 BAU 时间序列是指改善的需求和对标潜在效益的需求，这种潜在效益可由一种新型的运维战略产生。

大坝往往存在特别的安全风险隐患（hazard），因此对大坝的检查和评估有特殊要求，其重点是安全保障，而不是商业利益。这些要求通常由国家级的立法所涵盖，同时也存在于国际性的准则和指南之中，包括可从如下的国际大坝委员会（ICOLD）公告中获得：

178—2017 大坝水工结构的操作——预印版

175—2018 大坝安全管理：大坝全生命周期的预运营阶段——预印版

170—2018 洪水评价和大坝安全

168—2017 操作、维护和修复的推荐建议

167—2016 大坝安全的监管：全球现状实务综述——预印版

158—2018 大坝监测（surveillance）指南

154—2017 大坝安全管理：大坝生命周期的运营阶段

138—2009 监测：大坝安全过程的基本要素

130—2005 大坝安全管理的风险评估：效益评估（reconnaissance of benefits）——方法及现状

180—2019 大坝监测——历史案例的经验教训——预印本

其他有用的参考资料包括：

最佳实践和风险评估方法论（美国垦务局，USBR，2018）

大坝安全导则（加拿大大坝协会，2013）

大坝安全审查技术公报（加拿大大坝协会，2016）

大坝检测（instrumentation）导则（大坝修缮项目，2018a）

大坝运营和维护手册编制导则（大坝修缮项目，2018a）

大坝管理员的作用和职责（瑞士大坝委员会，CSB，2015）

如果按照国家要求或公司政策最近进行了例行检查，则可能不必重复。另外，ICOLD 等机构的指南为大坝的状态评估提供了一个很好的模型。

例行检查（routine inspection，或译常规检查）应包括如下项目：

（1）法定代表人的确认。

（2）责任技术专家的确认。

（3）大坝仪器仪表的评估，并指出需要维护、修理或采购设备。

（4）评估可能导致故障或误用的任何异常情况，包括大坝和附属结构的恶化或缺陷。

（5）与既往的安全检查进行对照。

（6）根据如下类别诊断大坝和附属结构的安全等级：

1）正常（normal）：无明显异常时；需要常规监测。

2）注意（attention）：当异常在短期内不会危及大坝和结构的安全，但需要长期监测、控制或修复时。

3）警告（alert）：当异常情况对大坝和结构的安全构成风险时，需要采取措施以维持其安全状况。

4）紧急情况（emergency）：当异常情况导致出现即将破裂的风险时，需要采取紧急措施来防止和减轻人员财产损失。

（7）指出确保大坝和结构安全所必需的措施。

附件 B 提供了工况评估结果的示例，如图 2-3 所示：

本次诊断还应包括对电厂恰当的运维所需的合适的工具和设备评估其是否可用且状况良好，并应编制备件清单，包括：

（1）大型备件（如备用主轴承、备用冷却器线圈、备用定子绕组/线棒、磁极、滑环、断路器、励磁设备，以及可能的备用机组变压器）。

（2）小型备件和消耗品（如清洁剂、涂料和润滑剂等）。

（3）维护设备，诸如叠梁、舱壁、提升设备和拦污栅耙。

工况评估的另一种方法在案例研究六 Salto Grande 水电站中进行了说明。在这种情况下，HydroAMP 方法已被用于对水电站的组件状况进行分类，并使用颜色编码对结果进行可视化标识。

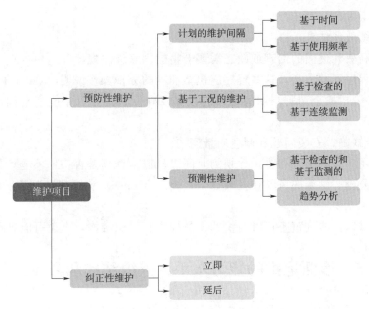

图 2-3 大修/替换的技术简要诊断

# 2.4 肇 因 分 析

如果需要比预期更早进行补救工作，则必须确定原因，即确定根本原因。

**肇因分析（root cause analysis，**或译根本原因分析、根源分析）作为制定运维战略的一部分，可以确定水电资产状况不佳的原因，并识别需要改善的领域，包括运维资源和程序的变更，以确保未来的可持续运营。

肇因分析是深入分析并确定故障或性能不佳的实际原因的过程。如果水电设施、系统或设备的性能不可接受或不符合其设计功能，则需要进行分析以回答如下问题：

（1）该资产是否按照制造商的建议和/或互联网程序去进行正确地操作、检查和维护？

（2）该资产是否能够响应不断变化或已更新的性能要求？

（3）该资产是否因零件老化或固有缺陷而无法达到设计性能？

（4）其他外部因素是否影响性能，例如水文条件变化或输电限制等？

人们应基于成本效益分析去分析并确定关键资产和非关键资产（如有保证）的缺陷、故障或无法运行的根本原因。水电设施的失灵（malfunction）和事故（incident）分析主要表明如下常见原因：

（1）缺乏运维活动的短期、中期和长期规划。

（2）缺乏人力资本（数量、技能、培训）。

（3）缺少设备、工具、材料、备件和测试设备。

（4）缺乏信用资源（包括采购和财务）。

（5）运营（发电、水力流量、收入）和维护限制条件（成本、长时间停机）之间的利益冲突。

（6）维护不足。

（7）缺乏绩效评估。

（8）缺乏高效和透明的治理或缺乏需要上报的国家级法规。

（9）运维程序不够清晰，这些程序应包括准确的分步操作说明/步骤和相关设备。

（10）未能分析检查和监测期间记录的数据以确保其处于可接受的范围内，并确定其恶化的趋势。

（11）设计缺陷、安装问题和制造质量问题。

肇因分析还应考察核查和维护计划的时间表，以检查其是否按时实施，并对其结果进行充分记录和分析。延误的风险往往被低估；疏忽（lapse）和修理延误的累积可能存在潜在的严重后果和累积后果。

肇因分析可以扩展到审查运维组织的人员配置和组织结构，这也可能导致绩效不佳。

## 2.5　诊断运维的能力水平、组织结构和具体实务

无论是现有资产的业主还是新水电项目的开发商，制定运维战略的一个关键阶段是评估其执行运维服务的能力。

对于现有业主而言，如 2.1 节所述，对当前绩效的诊断是衡量其未来运维服务能力的重要指标。对于新项目的开发商来说，考察开发团队的组成、结构、经历和能力是必不可少的。如果这种经历和能力是基于现有资产的运营，则可以对其运营和维护的设施采用相同的诊断，但也要考虑到新项目的不同条件。

一个诊断性的审查能够指出低于典型行业标准的整体绩效水平。在缺乏性能监测数据的情况下，工况评估将指出运维的程序不佳和资源不足的结果。进一步的分析应能确定这些问题是否是由技术问题（如设计不佳或设备质量差）、组织机构能力不足、财务问题或管治问题造成的。

由经验丰富的水电站管理者或外部顾问进行的运营审查可以找出需要改变或改进的组织机构缺陷。如果观察到运营和维护不佳，则应进行运营审计以确定需要对组织机构或治理模式进行哪些更改，以确保恰当的水电资产管理。

对整个组织机构的职能进行审查或审计，有助于确定促进机构改革的原因及补救措施，并有助于为长期运维战略提供信息。它应该考察运营地各个方面，包括：

（1）业主/经营者的组织结构组成，包括管理、角色、责任、留用程序和招聘流程。

（2）员工的经历、资历和培训。

（3）对管理团队的信心和管理团队的效率。

（4）监管条款的设置及其影响（监管规则、合同义务、限制条件、绩效要求、上报内容、独立监管机构/控制机构的存在等）。

运营环境和监管环境通常对组织机构的职能有重大影响。规范性法规（例如国家级立法中通常涵盖大坝安全的法规）通常会鼓励良好的操作实践。相反，如果环境鼓励承担风险却未能在财政上或司法上惩罚运营者，就会导致不良做法。因此运营环境和监管环境可

被视为肇因分析中的主要影响因素。

在电厂一级，运营审查应包括考察和确定其政策、流程、程序和资源的充分性，主要针对人力资源管理、维护、运营、财务管理和行政管理与采购等方面。在电厂和公司层面，诊断还应评估是否为整个运维计划分配了足够的资金。支出应当与分配的预算相比较，执行的工作应当与计划的工作相比较。

诊断审查成果、工况评估成果以及运营、组织机构与财务审计的结果，应能指出水电设施在现有条件下的长期可持续能力。当需要改进时，利益相关方需要做出改变以消除性能不佳的根本原因，包括运营环境的改变等。这些改变应包含在其运维战略中。尤其是当公用事业公司的财务状况不允许为运维提供足够的资金时，编制运维战略及其相关预算就有机会证明在收入不足以支付成本时则需要足够的税费或需要政府的补贴。

# 2.6 本 章 小 结

在编制运维战略的第一步中，诊断的目的在于：一是确定缺失的信息和必要的数据收集活动，为诊断提供信息；二是确定性能不佳的关键领域和需要改进的领域并确定其优先顺序；三是确定绩效不佳的根本原因。本章诊断审查的结果有助于更好地了解业主提供有效且可持续的运维的能力水平，并深入理解所必须提供的运维战略和支持行动的运营环境。

本章的成果主要包括如下内容：

（1）相关关键绩效指标分析和绩效不佳的肇因分析。

（2）水电设施状况（适用于水电站群）的高水平技术诊断。

（3）审查可用/现有的人力资源水平、管理水平和财务能力水平。

（4）组织机构审计/治理水平审计及其改革建议（如果可行的话）。

（5）审查关键绩效指标的肇因分析中所确定的运营环境和监管问题。

# 第 3 章
# 步骤二：界定运营和维护战略的目标

根据第 2 章步骤一所识别的问题并结合良好行业实务的知识，第 3 章步骤二旨在确定通过实施运维战略所要达到的目标。

运营和维护的战略目标应该反映水电设施的功能、所要达到的目标和适用于每个特定组织机构的长期运维远景。实现这些目标应该被视为一个长期过程，该过程可能需要多次迭代，例如水电设施运营管理的变革、中短期的维护和更新改造、或者该水电设施的升级改造。为了确保公司的商业计划不会过于专注于仅仅一个或两个绩效领域（如财务或可靠性），就需要确立若干个目标。

# 3.1　确定关键绩效指标的目标

运维战略的战略绩效目标应该主要基于第 2 章步骤一所识别的那些关键绩效指标（KPI）。拟议的目标应该是：

（1）建设性（constructive）：旨在改善绩效。

（2）可测度（measurable）：能够用可定量化的计量单位来表示。

（3）可实现（achievable）：基于可用资源（内部资源或市场资源）。

（4）现实性（realistic）：框架结构明确无误，目标针对性强。

（5）有时限（time - bound）：有一个开始日期和一个结束日期，或者一个循环周期（每月、每年）。

（6）包容性（inclusive）：所有利益相关方支持这些目标的实现。

该战略的目标必须由适用于各种层级的指标来确定，这些指标包括技术资源、财务资源、人力资源服务和管理等。表 3 - 1 显示了一组目标的典型示例。在此案例中现有的绩效是不充分的，因此人们应该筹划一个五年计划使其绩效满足行业的良好标准。

表 3 - 1　　　　　　　　　一个运维战略的典型目标（仅用于说明）

| 指　　标 | 步骤一：<br>N 年水平（诊断） | 步骤二：<br>N 年的五年后目标 |
|---|---|---|
| 可利用率 | 70％ | 95％ |
| 强迫停运率 | 12％ | 4％ |
| 环境有害产品排放的事件数 | 12 | 0 |
| 事故频率 | 5 | 0 |

对于每个水电设施，人们还应设定这些关键绩效指标的目标范围。目标范围将取决于电站性质、电站年龄、电站位置、电站自然环境和其他因素等，如果水电设施按照行业的良好实践标准进行操作和维护，目标范围应该是可以实现的。

人们可能使用长期远景和宗旨阐述，如果这种远景和宗旨阐述存在则将其加以实施，如果不存在长期远景和宗旨阐述则应该将其作为运维战略的立足点。其主要目标是传播公司的战略目标，并常常与经营业绩挂钩。例如，KenGen❶ 寻求"成为东非地区提供可靠、

---

❶　该公私合营的供电公司负责肯尼亚大部分发电设施的运营和维护。

安全、优质且具有价格竞争力的电能市场领导者。"

位于东非的同样一家公用事业公司的宗旨阐述则是"利用最先进的技术、使用熟练而有激情的人力资源，高效地产生具有价格竞争力的电能，以确保财务成功。我们将以成本最低和环境友好的产能扩张来实现市场领先地位。秉承于我们的企业文化，我们的所有运营都将坚持核心价值观。"

只有当这些远景和宗旨被管理层用作业务的指导原则时，它们才有价值。

## 3.2 公有制或私有制对战略目标的影响

技术领域、财务方面、人力资源、安全问题、环境方面和其他领域的所有绩效目标都与业主的总体目标相联系。虽然公用业主和私人业主的目标大致相同，然而其具体做法可能取决于业主是私营实体还是公共实体，取决于该组织是否受商业利益驱动。

鉴于应该对股东负责，因此私营实体可能更愿意接受运营的优化和方法的优化（例如以可靠性为中心的维护方法）。私营业主/私营经营者通常将在特许权协议和/或其他合同条款中所确定的目标和界限内，确保利用必要的专门知识不断地提高效率。对于签订第一个特许条款的新实体，必须为采购合格的资源做出具体规定以管理水电设施的运维，以便平安顺利地实现其目标，包括受托政府在项目协议中规定的目标。

然而公用事业可能更多地受到政治目标和政府目标的影响，这些目标可能会指导或制约决策过程，使实施成本回收办法更加困难。在垂直整合的一个公用事业公司中，运营预算的资助不足往往是缺乏备件、缺乏材料、缺乏工具、缺乏合格员工、咨询服务与承包商服务、大修与升级资本的推迟、培训资金不足的根本原因，所有这些都会导致潜在的经营绩效不佳。

制定运维战略的任务提供了一个契机来考察水电站群的绩效，并制定计划开启一项长期任务将绩效恢复到一种可接受的状态。如果水电群和公用事业公司的诊断结果为负的话，则可以改进运营商的能力水平，并可能不得不对商业环境进行变革。

最终公共实体和私营实体都面临着相似的安全目标和环境目标。

## 3.3 评估目标的预期效益

根据所列出的目标，估算达成改善后绩效的财务价值是可能的。通过对电价（tariff）和通货膨胀的潜在变化进行假设，编制发电和其他收入转化为预期收入的时间序列，可以得出这种估值。外部资金资助的项目通常以国际货币（如美元）来评估效益，当然也可以采用其他货币来评估。为便于分析，用于评估效益的货币应与用于评估成本的货币相同。

为了确定运维战略，人们应该进行高水平的效益评估。然而在可行性研究阶段中需要进行更多的分析以编制详细的成本效益分析，编制运营计划和编制资本支出计划（或译为基建支出计划或固定资产支出计划，capital expenditure program）。

为了确定实施运维战略获得预期收益的价值，有必要全面理解水电设施收入和支出的性质（包括公司的共同分担成本）。

### 3.3.1　增加收入

对于根据长期购电协议提供电力的独立发电商，可以很容易地确定收入基础；收入很可能来自能源销售或来自于可利用的装机容量。人们可以识别出可能增加收入的那些运营和维护活动。对于商业化运行的独立发电厂和公用事业集团，收入产生可能更为复杂：能源可能有不同的价值，这取决于它的供应是稳固的还是间歇的、间歇一年或者间歇一天。不断增加的收入将来自于辅助服务，其中大部分服务是基于响应需求变化的能力和水平。对于属于水电站群的一座水电设施，其问题将更加复杂，因为其收益可能来自另一项资产（可能是水电设施，也可能不是水电设施），因此很难将收益分配给一个特定的水电设施，因此需要对整个水电站群（和潜在的其他资产）有一个综合的情景分析。水电站的发电可以补充间歇性可再生能源的发电，提高水力发电的价值。除了能源生产及其相关收入的实际增长外，收入增长还包括在通常情况下（特别是由于较低的能源生产和/或停机）减少可能（或很可能）发生的收入损失。这些避免的收入损失往往是价值非常高，需要在成本效益分析中加以考虑。

传统上讲，增加收入是基于发电量的增加，其价值可按该能源的平均售价计算。虽然在进行可行性研究时可使用更复杂的方法，但这种简单的方法对进行第 8 章步骤七的成本效益分析很可能就足够了。

如果通过纠正现有不足获得收益，或将关键绩效指标恢复到行业标准水平而获得收入收益，则其收益的预测在一定程度上较为确定。但是如果收入增加是源于避免了事故和缺陷，则需要采用概率方法。虽然诸如基于蒙特卡罗方法建模等复杂分析进行了详细的分析，但这种分析并不要求用于运维战略的制定。简化的假设可用于失事的概率，从而获得避免失事的收益。

在案例研究 3 的尼日利亚 Kainji 和 Jebba 水电站，可以清楚地看到增加收入的好处（附录 B）。通过实施运维战略（包括更新改造），主流公司（Mainstream）于 2013 年接管时可利用装机容量为 48.2 万 kW，通过使停用的机组恢复运行，因此 2018 年时可用的装机容量增加到 92.2 万 kW。主流公司计划在 5 年内将装机容量恢复到 133.8 万 kW，并将再增加 20 万 kW。

### 3.3.2　减少成本

人们可以在电厂、水电站群或电力系统水平实现成本降低。正如在前言中所讨论的，维修的成本远远大于预防性养护（preventive maintenance）的成本。此外，在枯水流量期间关闭机组进行维护则有机会使水力发电损失更少。因此，与纠正性维护（corrective maintenance）相比，有计划的养护工作可以大大降低成本。

正如增加收入，其他资产可能会产生降低成本的效益，如通过避免运行更昂贵的发电机组（如热电或核电），避免输电拥堵和输电损失以及避免从邻近电网购电等。水力发电具有快速启动发电和频繁改变发电输出的能力，可以使火电站以更高的效率运行，并降低维护成本。因此不具备水电资产可能会对公用事业或集团业主造成这些额外成本。

案例研究 1 的巴西 Statkraft 水电资产阐述了降低成本的效益，在提高水电设施可利用率的同时，其运营和维护成本降低了近 40%。

人们除了估算降低的运维成本之外，还需要估计避免的事故成本。这些成本可能包含在合同条款（如违约赔偿金或罚款）、法律规定（如环境索赔或赔偿索赔）或自然环境修复（清理和恢复的成本）等。

### 3.3.3　非财务效益

人们应该评估非财务效益，即使它们不会用于第 8 章步骤七的财务上的成本效益分析。这些提高非财务效益的措施包括改善企业形象、改善环境认证、减少政治干预和监管控制。企业形象和信誉的改善可以带来次生的财务效益，如提高信用评级、降低借贷成本、提高股价以及获得绿色债券和气候融资。

在财务上不易评估的定性标准，可用多标准分析来评估运维战略。

## 3.4　本　章　小　结

运维战略中的时限性目标应包括有针对性的目标（包括关键绩效指标矩阵），如果可能的话还应该有远景声明。有针对性的目标可能是财务性质（预算、收入），或与发电（能源生产）、人力资源（能力建设和人员配备）、技术问题和操作问题（电厂运维绩效）、健康责任、安全责任、环境责任和公司其他社会责任以及治理与监管所需的任何变化有关。

实施本章中评估的战略目标的财务效益后面将用于成本效益分析，这将构成运维战略验证的一部分。

# 第4章
步骤三：识别构建运维
战略的活动

在第 4 章步骤三中，根据第 2 章步骤一诊断中确定的关键根本原因和第 3 章步骤二中确定的目标，确定运维战略实施的核心活动并确定其优先级。运维战略的拟议活动还应尽可能消除肇因分析中确定的效率障碍。

## 4.1　总　体　考　虑

在编制运维战略活动清单时应考虑的事项不应局限于评估资产维修和更新改造，而应考察其根本原因、考察其既长远又可持续的解决方案。从这个意义上说，它们应该包括如下内容：

（1）改进资产管理：应考虑技术管理、财务管理和人力资源管理；安全管理、法律事务/合同事务管理；环境管理；社会责任；行政管理。

（2）对运维规划和运维合同，员工激励、运维意识、能力建设等方面应采用"长期视角"和可持续的方法。

（3）备品备件管理要到位，设备管理要标准化；物资供应要经济实惠，并确保及时供应。

（4）运营和维护要有足够的资金，并考虑其长期的可持续性，其收费（和收入分配）结构有助于获得足够的财务资源来支付所有费用，并与每个层级皆不受政治干预的良治结合起来。

（5）组织机构的所有领域都要改进培训和提高能力建设。

运维战略应采取长期方法，涵盖水电基础设施的整个生命周期，即从试运行（commissioning）经由运行和多个寿命延长/修复计划，直至退役（decommissioning）或重建前的使用寿命终结。

运维战略应涵盖的活动阐述如下各节。本清单并非穷尽无遗，应根据水电设施的具体情况进行调整。

## 4.2　运　维　的　方　法

### 4.2.1　水电可靠性的目标

鉴于土建工程和大型发电设备的坚固性，水电站设施的物理寿命通常至少为 100 年。一旦固定资产的成本得到分摊，水力发电就变得更具竞争力。水电设施的每个部分均有其不同的寿命。土建部分的设计和施工寿命为 50～100 年，机械/机电部分的设计寿命为 20～50 年，电气/自动化部件的设计寿命为 10～25 年（Flury 和 Frischknecht，2012）。水力发电的寿命之长在发电技术中是独一无二的，维护良好的电厂的运行寿命可以远远超过其设计寿命。

水电设施应具有高度可靠性，尽管在其寿命周期内可靠性可能会有所不同。与大多数工业基础设施一样，水电设施存在一个初始的磨合期（breaking - in），在此期间设计、材料、制造、安装、测试和调试等方面的任何不足都表现为可靠性降低。随着时间的推移，这些问题往往会得到解决，水电设施在故障和纠错方面进入一个相对平静的时期（发电输出期），开始显示其使用寿命直到其寿命结束。这就形成了维护的生命周期所遵循一条

"浴缸曲线"（bathtub curve，见图 4 - 1）。

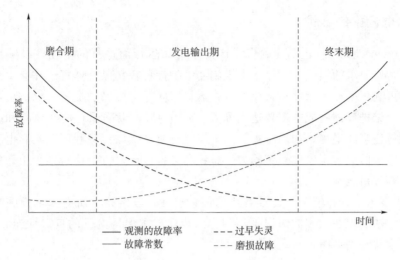

图 4 - 1　典型水电站可靠度随时间变化的"浴缸曲线"

就水电设施而言，磨合期通常持续到运行的最开始两年，在此期间大多数"初期问题"（teething issue，初期问题或早期问题，即出牙或长乳牙时期）都得到解决。这段时间通常包括在设备供应商的保修期（warranty period）和承包商的缺陷责任期（defect lia-bility period）内。发电输出期（output period）应延续数十年，该时期观察到的故障率很低。如果水电设备保持良好的状态，并且在其部件开始失灵前就进行更换，则可以避免终末期（end - of - life）的故障飙升（upsurge in failures）。

## 4.2.2　水电设施的运营

水电站的运营是一项持续的活动，需要合格的员工和合格的管理方法，以确保电厂或水电站群（fleet）按照其设计功能运行，按照适用的协议、许可证、法律、市场规则和法规运营，以满足能源系统的要求。如果水电站设施或水电站群由独立发电商（IPP）作为特许经营商所拥有，则还应进一步受特许权许可证和运营协议、购电协议（PPA）和商业利益的制约。

每个水电开发项目的设计都是独特的，这反映了其现场位置、业主类型和每个水电设施的用途。这种独特性给业主和运营商带来了挑战，他们必须为每座水电设施制定一个独特的战略和一套独特的操作程序。

运营员工的一项关键职责是在例行发电和洪水期间控制水库和下游流量。水库管理依惯例采用"规则曲线"（rule curve）来实现最佳效益。然而这些调度规则通常是在可行性研究期间制定的，考虑到水文情势的变化、水电设施调整后的运行功能、多目标的利用以及水与能源的价值变化之后，这些调度规则可能并没有进行改动或调整。4.6 节讨论了水库运行的现代方法，包括实时远程遥测的使用等。

这些操作应遵循综合性的大坝安全计划，并应制定在发生紧急情况时使用的应急预案计划（emergency preparedness plan）。既然已有现成的关于大坝安全的指南，因此本文中不去详细阐述大坝安全的这些方面。

### 4.2.3　水电设施的维护

维护（maintenance）包括为确保资产安全可靠运行而进行的活动，以满足其设计用途和持续运行所要求的绩效。一座水电设施的维护计划旨在保持其资产在其生命周期内的最优成本以可利用率和可靠性最大化的方式运行，同时也要保护员工、保护公共利益和保护环境。一个维护计划的成本需要适当配置（allocate），以确保在潜在风险和避免风险之成本之间取得适当的平衡。如果维护工作不能进行时，要在不可利用风险和电站安全之间进行权衡。维护的成本不仅包括劳动力、材料和设备，还要包括执行维护工作的发电损失和收入损失等停机成本。

表 4－1 展示了日益复杂的运维方法的最新进展。虽然并非所有水电设施都有必要采用更复杂的方法，但在大多数情况下，为了以较低成本保持电厂的良好性能和工况条件，可以将其至少移动到 3 级水平。

表 4－1　　　　　　　　　　　　运 维 的 方 法

| 水平 | 描　述 | 方　法 | 结　果 |
|---|---|---|---|
| 1 | 主动性维护/纠正性维护 | 当发生故障时，或当观察到部件退化时，应进行维护和修理，有时使用同类零件 | 发电损失和收入损失，资产退化，寿命缩短。在最坏的情况下，电厂停止运转 |
| 2 | 定期的/预防性维护 | 按照制造商的说明书进行维护，并在规定的运行时间后进行更换 | 电厂以平均成本实现平均可利用性，符合通用行业惯例 |
| 3 | 基于工况的维护 | 评价工况和故障概率 | 电厂设备状态良好，运行效率高，运维成本低 |
| 4 | 基于收入的和基于风险的维护 | 利用风险分析/成本分析/收益分析或以可靠性为中心的维护方法（RCM）识别收入损失事件，计算故障概率，比较基建资本支出/运营支出计划（CAPEX/OPEX） | 以较低的运维成本实现收入最大化，减少收入损失的风险，并保持实物资产的寿命 |
| 5 | 整体的 PAS55/ISO55000 标准 | 资产管理的整体方法，针对组织机构、资质资格、培训教育、企业和社会责任（CSR）、监控和报告 | 运维的最佳实践方法：最佳收入/成本平衡和生命周期保护，具有稳健的实践，为投资者和利益相关方提供信心 |

## 4.3　选择合适的维护方法

在维护成本和可接受风险之间找到正确的平衡是每个设施设备所独有的，这就需要水电站的运维人员和顾问团队进行经验丰富的判断（seasoned judgement），以便设计出适合于每一种情况的具体方案。

正如图 4－2 所示有一系列不同的维护类型，下面将进一步阐述不同的维护方法。

（1）**预防性保养（preventive maintenance）**：预先采取（preemptively，先发制人）的

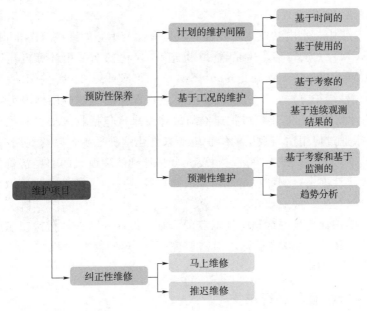

图 4-2 一个维护项目应包括的维护类型

已规划的和要执行的维护活动，以减少故障的概率并延长设施设备的使用寿命。预防性保养可能要求对需要检查和维护或测试的设备进行物理检查，通常在停用时要求进行某些拆卸（dismantling）和重新组装。记录保存和结果分析对于在未来维修停运期间帮助确定最佳干预期和采取最优措施是至关重要的。预防性保养活动所针对的常见风险之一是在执行维护工作时在一次维护干预（maintenance intervention）之后鉴于人为错误导致该设备出现故障。预防性保养由如下各种方法构成（确定维护干预的时间和范围）：

1）**规划的维护间隔（planned interval maintenance）**：维护活动按时间表进行或根据设备使用时间表触发。这是传统的维护方法，并包含在水电设施试运行期间制定的运维计划之中。

2）**基于工况的维护（condition-based maintenance）**：基于正常运行期间设备和建筑物的检查结果、报警结果、监测和分析的成果等。如果设备的恶化很可能导致故障或发电效率低下时，则应维护、修补和更新改造。

3）**预测性维修（predictive maintenance）**：这种方法利用工况监测数据和趋势分析来预测潜在故障的概率和时间。故障预测不仅利用停运期间获得的工况评估数据和测试结果，而且利用连续收集的监测数据。现代电厂对设备、系统和土建结构（移动、泄漏等）进行在线的、实时的监控，以便为编制和持续微调预防性维护计划提供数据。

（2）**纠正性维护（corrective maintenance）**：在故障发生之后，执行纠正性任务（包括修补和更换）可使水电资产恢复到可以按要求运行的一种状态。在此方法中，所选资产的维护可以在损坏模式（run-to-failure，或译故障检修）下进行规划（通常有适当的备件库存），在此模式下预防性维护是不符合成本效益的。纠正性维护的成本通常是有计划的预防性保养的 3～6 倍（尾贺 Ogaji、越智 Eti 和 Probert，2006），应通过有效的预防性保养计划将其最小化。因此损坏模式的策略应与备件的预购买（或预采购）相结合，以避免长时间的强迫停运。

在过去的 25 年中，水电站业主一直在向以可靠性为中心的维护（reliability - centered maintenance，RCM）方法转移，这是继 20 世纪 90 年代初期采用计算机化维护管理系统（Computerized Maintenance Management System，CMMS）之后的又一个发展方向。RCM 是一种预测性维护方法，最初出现在航空业，现在已经被应用到电力行业等其他行业。一项 RCM 计划的设计基于将维护成本与故障后果（包括收入损失和维修成本）进行比较。RCM 寻求通过应用适当数量的维护资源来优化这种平衡，以达到期望的（desired）可靠性水平。然而，人们在维护决策时也要充分估计到故障模式的非经济价值性，此时成本不是唯一的决定性因素，例如也可能增加故障风险数量的危险，这些故障可能导致违反监管条例，可能对员工、公众或环境造成伤害。

一个有效的维护计划是围绕预防性保养的原则来设计的，它包括对现场所需的纠正性维护的及时响应。RCM 是最终目标，但需要完善的维护计划。因此在制定运维战略时，应充分考虑 RCM 的原则。

### 4.3.1　加强例行检查和例行维护

在战略制定的过程中，人们应该加强例行检查（routine inspection）和维护，尤其是当维护诊断之后证明在该领域出现薄弱环节时。

人们应该按照时间表或运行时间表定期（on a regular basis）来进行例行检查和例行维护。这些时间表通常在调试前编制，并应在调试后定期更新。

这些时间表将详细说明该水电设施的每个组件的检查频次、测试频次和维护频次。一般来说人们应该有一个年度计划时间表，该时间表应该展示每天、每周、每季度和每年所需活动的时间安排，人们也应该有一个长期计划的时间表，该时间表应该展示如隧道排水和设备拆卸等频次较少的活动安排。这些计划表附有检查、维护和维修活动期间使用的记录台账（record sheets）和表格。在第 9 章步骤八中给出了关于编制运维计划的进一步指导。

这些计划时间表指出了检查和维护的最低频次。在发生诸如极端洪水、地震、强降雨等异常事件和使用超出正常操作范围（如增加启动次数/停止次数）的设备后，人们应增加检查和维护的频次。发生此类异常事件之后，人们应进行专门的安全检查以评估任何损坏，并确定恢复设施安全水平所需的措施。

重要的是不仅要记录参数，还要分析参数。人们应调查异常读数和劣化趋势。因此，操作员理解参数的重要性并知晓正常读数范围是非常重要的。

## 4.4　编制维修计划和编制大修计划

关于水电站部件的维护（maintanance）、修理（repair）、大修（overhaul）或更换（replacement）的抉择是一个重要的固定资产管理问题，因为这可能会对拟议的运维战略和计划的成本产生重大影响。这种抉择应该精心地反映在停运、运维预算和基建资本支出计划（CAPEX）的长期规划之中。

评估维护或更换需求的第一步是了解水电设备或其他资产的生命周期成本。生命周期成本分析可分析一个水电站系统（或一个部件）在其生命周期内的成本。系统的典型成本可能包括如下：

（1）购置成本（设计成本和开发成本）。

（2）运营成本：

1）故障。

2）修理。

3）备件。

4）停机。

5）生产损失。

（3）维护成本：

1）纠正性维护。

2）预防性养护。

3）预测性维护。

（4）固定资产大修成本：

1）设备的重大更换和寿命延长。

2）工程、环境影响评估和发电损失。

（5）处置成本/拆卸成本。

生命周期成本等于（1）初始（预计）资本成本，加上（2）预计寿命期运营成本和维护成本，加上（3）预计固定资产修缮成本，加上（4）预计处置成本，减去（5）预计残值（如大坝、水库等剩余基础设施）（WERF，n.d.）。

在决定是否维护和修理或更换水电站设备时，核算生命周期成本是至关重要的。除非设备出现故障或需要额外的容量或能力，否则在设备寿命结束前更换设备在财务上很少是可行的。在大多数情况下，为了尽可能延长使用寿命而进行维护和修理更为经济。表4-2包含了旨在帮助用户决定是否修理或更换设备的标准。如果大多数问题的答案是"是"，那么更换才可能是首选。

表4-2 决定维修或更换的清单

| 项　　目 | 是/否 |
| --- | --- |
| 设备接近或超过预期寿命。 | |
| 设备可靠性和意外故障的后果构成了不可接受的风险或不可接受的成本（能源发电损失和收入损失）。 | |
| 维修/更新费用超过了设备更换的寿命周期费用。 | |
| 资产的性能不可接受，纠正性维护措施不会产生可接受的性能。 | |
| 现有设备在技术上过时，备件昂贵或很难获得，而且很难找到适当维修和保养所需的技能。 | |
| 现有设备产生了不可接受的安全风险、健康风险和安全或环境风险，并且减轻风险的成本超过了资产生命周期更换成本。 | |

如果更换评估在净现值方面为正值，则设备/资产将添加到资本改善计划中。一个额外的风险评估或优先排序补充了更换评估，以确定与其他资本项目相比补救工作的时间安排。

考虑到巨大的资本成本和对收入的巨大潜在影响（直接来自发电和间接归于停机），这种分析（与停机规划所关联的维护任务和基建工程）将需要具有技术、进度安排和经济学背景的高技能人力资源。它还需要对不同的情景进行精细的比较经济分析。

这项分析工作的一个结果应该是一份大修和更换活动的清单，这些活动不仅代表了重大的财务支出，而且在经济方面、环境方面、法律方面或安全方面具有意义，这些活动还应包括暂定的实施日期、必要的初步研究和采购程序。在进一步制定运维战略时，将考虑这些因素。

# 4.5　改进或升级水电站设施的操作

在设定运维战略时，人们需要考虑对水电设施进行改进、升级或重新调整用途的各种各样的选择。技术的进步、电力系统的变化以及人们对环境影响、社会影响和气候变化的认识的不断提高，为该战略提供了机遇和挑战。下面介绍一些可以考虑和加强的领域。

## 4.5.1　提高调峰能力和增强辅助服务能力

水力发电设施在能源、容量和辅助服务方面显著提高了电网的可靠性（Key 和 Rogers，2013）。水电站能提供许多辅助服务，包括可调度发电、无功电压综合控制（reactive power and voltage control）、变频调速（frequency control）和运行备用（operating reserves）。这些辅助服务支撑着电网，并允许将可变可再生能源（VRE）整合到整个电力系统中。因此，建议理解水电站设施的调峰潜力和辅助服务潜力，以量化水力发电的价值，并评估未来开发和优化的潜力。

即使是水库库容相对较小的水电站，也可以在调峰时段以高出力运行，在非高峰时段减少出力或完全关闭（同时释放最小环境流量），从而为电网提供调峰支持。增加调峰容量需要进行水文研究和社会环境评估，以确定上游和下游影响（尤其是与泄洪设施和潜在的人群安全风险相关）。在梯级水电站设施中，可在上游坝址处实施调峰，下游坝址作为再调节水库，从而减少下游影响。

通常情况下，电力现货价格在高峰时段最高。因此，提供峰值电力的好处很可能包括更高的收入和对电网的支持。人们需要进行详细的水文分析、市场分析和财务分析，以优化此类方案的选择。

## 4.5.2　优化水库操作

水电站水库的用途是蓄水，并随着时间的推移控制能源的生产。为了评估流入水库的全部流量，并评估何时利用蓄水量来满足所要求的出流量，模拟水库入流是非常重要的（图 4-3）。入流通常是根据蓄水量和总出流量的变化利用水量平衡方程来计算的。入流量计算的精度直接取决于水库蓄水量估算、实测的出流量和水库水位的测量。在规定的操作规则曲线内操作水电设施需要计算每日入流量，并预测每周和每月的入流量。

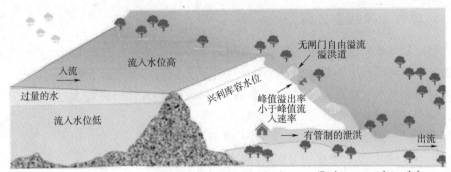

来源：澳大利亚政府(2019),https://www.mdba.gov.an/river-murray-system/running-river-murray/flood-management-dartmouth-dam

图 4-3　水电站水库的操作

越来越多的水电运营商采用远程遥测技术来传输水库集水区的气象数据和水文数据，以提供入流数据。这些数据可用于补充水电站现场的数据，为规划操作方式和开发新的规则曲线提供最新记录。另外它也可以用于实时生成程序，从而优化可用水的使用。

人们可以进行水库优化研究（或至少在战略中建议），以更准确地预测短期入流量和长期入流量，优化发电以满足国内需求，同时最大限度地增加出口收入，改善洪水管理，并通过履行环境责任和社会义务来平衡水库的多目标利用。这些责任和义务应该包括环境和社会管理计划、经营许可证和国家立法中规定的生态流量泄放。

确定水库是否运行良好的一种有用方法是使用实际的历史水文数据运行水库电力和能源模拟模型，如 HEC-3（USBR，美国垦务局）等，并将模拟的电力输出与同期的实际发电量进行比较。这将表明是否实现了理论电力输出，对其结果的分析可以表明是否是由操作不足或维护缺陷造成的任何差值。

可用于协助水电站水库运行的指南包括国际大坝委员会（ICOLD）第 173—2016 号公告：水电站和水库的综合操作。水库操作规则的更新还应通过大坝安全分析以及基于 FEMCA（failure mode effects and criticality analysis，故障模式影响和临界性分析）和 PFMA（Potential Failure Mode Analysis，潜在故障模式分析）进行。水库操作还应得到预警系统的支持。

人们可以使用优化软件或决策支持系统（DSS）来帮助确定长期的蓄水规划和管理、短期（小时级精细度）的调度和实时调度。

使用这种系统的好处包括如下几点：

（1）通过水库优化和电厂操作优化提高能源产量和发电收入。

（2）工作流程的自动化改进。

（3）提高安全性，降低昂贵的水灾损害修补风险。

（4）增加新基建资本投资的回报。

（5）有效处理环境问题和改善公众形象。

（6）降低操作风险和业务风险。

因此制定一个运维战略可以提供一个机会来评估现状的水库管理，并评估优化方案和自动化方案。

### 4.5.3 环境方面和社会方面

作为制定运维战略的一部分，建议在水电站运行期间遵循水力发电厂的环境管理和社会管理的良好国际实践。运维战略将受益于遵守世界银行环境与社会框架（ESF）及其环境导则、健康导则和安全指南的协议和指南[1]，以建设和运营可持续水电[2]。遵守如下环境和社会标准（ESS）尤其有利于运维战略：

（1）EES1：关于影响和风险的环境评价和社会评价标准。

（2）ESS2：关于劳工条件和工作条件的标准。

（3）ESS3：关于资源效率和污染防治与管理的标准。

（4）ESS4：关于社区健康与安全的标准。

（5）ESS5：关于土地征用和非自愿移民的标准。

（6）ESS6：关于生物多样性保护和生物自然资源的可持续管理的标准。

（7）ESS7：关于土著民族的标准。

（8）ESS8：关于文化遗产的标准。

（9）ESS10：关于利益相关方参与和信息披露的标准。

社会包容（social inclusion）是水电站设施管理的一个重要方面，有助于水力发电厂的平稳高效运行。遵守环境和社会框架，尤其是ESS2、ESS4、ESS7和ESS10，将有助于改善水电设施业主和当地社区之间的社会关系。良好的社区关系带来的好处包括工作人员满意度、社会合作以及在实现环境和社会义务方面的潜在支持，如生态流量（ecological flows）、生物多样性保护和流域管理。

遵守环境和社会准则与可持续性协议（sustainability protocols，或译可持续性指南）在公司治理的企业责任和社会责任（corporate and social responsibility，CSR）中发挥着越来越重要的作用。尽管许多年来私营部门获得资金的机会取决于是否遵守环境和社会准则，如国际金融公司（IFC）的绩效标准和赤道原则（equator principles），但来自其他来源的提高社会责任的压力越来越大。员工、投资者、消费者、服务提供商和供应商越来越普遍地将企业社会责任绩效视为与公司关系的驱动因素。

人们可采用适应性管理方法，特别是流域管理和生态系统管理。在水电站运行期间，施工前编制的环境和社会管理计划（ESMP）必须通过与监管机构（环境许可证和取水许可证监管机构）监测、分析和学习的互动过程，在运行阶段进行更新和微调，以便逐步调整ESMP以实现共同达成的结果（如生态流量、补偿、流域管理计划、利益分享计划等）。

运维战略也可得益于国际大坝委员会（ICOLD）第159—2012号公告中的指南：《从全球角度看水坝和环境》。

---

❶　https：//www.ifc.org/wps/wcm/connect/topics _ ext _ content/ifc _ external _ corporate _ site/sustainability – at – ifc/policies – standards/ehsguidelines

❷　https：//www.worldbank.org/en/projects – operations/environmental – and – social – framework

1. 气候韧性（Climate resilience，气候变化抗御能力）

在编制水电设施及其运行的改进规划时，人们应考虑到气候变化的潜在影响。关于这方面的指南可从国际大坝委员会（ICOLD）的第 169 号公报：《全球气候变化、筑坝水库及其水资源》等来源获得。关于水电设施的适应性和抗灾能力的专门指南可从国际水电协会（International Hydropower Association，IHA）发布的《水电行业气候韧性指南》（国际水电协会，2019）中获得。越来越多的贷款机构将要求一个气候韧性管理计划来支持大型基建资本支出项目（CAPEX）的融资申请。

2. 强化流域管理（watershed management）

水库管理是整个流域管理的一个子集。流域管理是一个适应性、全面性和综合性（adaptive，comprehensive，and integrated）的多种资源的管理规划过程，该过程旨在平衡一个流域内的安全、生态、经济和文化/社会条件。流域管理服务于土地和水资源的综合规划。流域管理统筹考虑地下水和地表水，识别和规划一个流域自然边界内的水、动植物用水和人类用水（例如流域内农业用水和水库的休闲用途）的相互作用。这种方法还可能进一步提高本地、环境和社会经济背景下对水电设施的接受程度。

在同一河流上开发上游或下游水电站项目时，必须审查其运维战略，以确保考虑水电设施之间的任何相互作用，并保持大坝安全和运行效率。

3. 泥沙管理（sediment management）

对于库容有限的径流式水电站设施或水库，某些地区的泥沙管理尤为重要，在制定运维战略时可能需要重新实地考察。一般而言，进水前池/上游池（forebay/head pond）通过关闭涡轮机形成的高速水流进行清理泥沙，并通过降低上游池冲刷泥沙，和/或通过人工疏浚来进行清理泥沙。在泥沙冲刷过程中，遵守与水质相关的环境规定是非常重要的。进水前池泥沙的减少有助于使最少的泥沙进入引水渠，从而减少压力管道和水轮机部件的磨损。

当泥沙被确定为水电设施的重大问题时，人们可能会探讨采取上游泥沙拦截器具或流域管理等预防措施，以减少河流中的泥沙，从而减少水轮机转子及其附属设备的过早故障。如果不解决这种泥沙问题，就可能会降低未来更新改造和延长寿命所带来的益处。

对于具有较大库容的水电站设施，重要的是制定一个泥沙管理计划以确保水库蓄水能力的长期管理和水力发电厂及其附属泄水建筑物的安全运行。对于现有水电设施，人们可利用水深和水质数据来估计泥沙总量，并确定平均泥沙沉积速率。泥沙管理措施包含基于野外现场调查期间收集的数据（泥沙的体积、分布和粒径）以安全方式清除或冲刷泥沙的选项。如果其他措施不可行的话可以考虑采取疏浚措施。

既然低水位出口的故障可能危及大坝安全，并导致更大的泥沙问题，因此保持大坝的低水位出口以定期冲刷泥沙也很重要。

关于水库泥沙管理的指南可从各种来源获得，如国际大坝委员会（ICOLD）和国际水电协会（IHA）❶，和世界银行的出版物：《延长水库寿命：大坝和径流式水电站的可持续泥沙管理》（Annandale、Morris 和 Karki，2016）。

---

❶ https：//www.hydropower.org/sediment‐management

**4. 生态流量和补偿流量（ecological/compensation flows）**

水电站大坝通常需要通过环境流量（e‐flows），该流量通常体现为环境和社会管理计划（ESPMs）、环境许可证和国家立法的一部分。环境流量对于维持河流的基本特征和功能，以及为生物多样性和社会文化需求提供若干栖息地，确实是至关重要的。有许多方法可以确定环境流量（Tharme，2003），而且运维战略将受益于在初始设计中就采用了环境流量的审查。世界银行和其他机构已经编制了数量众多的关于环境流量的指南❶。

从历史上讲，环境流量不常用于发电。在控制性大坝中利用环境流量发电的低影响微型涡轮发电（micro‐turbine generation，MTG）安装技术，也可以对这种水力资源加以有益的利用。微型涡轮发电机配有旁通阀，因此环境流量不会因功率损耗或涡轮机停机而中断。例如位于哥斯达黎加的莱文塔宗（Reventazón）水电站（315 MW）在坝脚安装了一个额外的涡轮机和水力发电厂房，以利用环境流量增加该水电项目的装机容量。另一个例子是在加拿大安大略省的一个堆石坝上安装 450kW 的微型涡轮发电机，这就每年提供了额外的 390 万 kW·h 的电量（Picmobert，2016）。

## 4.5.4　补充和改进备件管理

在第 2 章步骤一中执行的诊断可能会指出要求恢复备件的库存水平，并根据先进先出原则（first‐in，first‐out principle，FIFO）建立测算和管理库存移动的流程和工具。补充备件的采购也应该精心规划。人们在进行评价时应检查是否为每个库存类别设置了最大数量和最小数量（低于最小值的数目将产生一个重新订购的行动以补充库存）。人们要动用的工具可以包含一个企业资源规划（enterprise resource planning，ERP）工具，如 SAP 等。对于小型水电设施，人们还可以考虑使用能够处理库存清单管理（inventory manage-ment）的商业会计软件。存货清单可提供给业主组织内的员工，并在年度盘点（annual inventory taking）期间加以确认。

如果没有任何一个企业资源规划（ERP）或库存管理工具，则可以由商店和维护人员人工执行这一过程，正如从传统上讲这一过程就是这样执行的。

# 4.6　现有水电设施现代化

水电站设施的现代化有许多机会，可在设备的更新改造和延长寿命的可行性研究阶段加以探讨。本节涉及了一些机会，但并未列出所有的机会。

## 4.6.1　操作规划、调度和控制（operational planning，dispatch，and control）的进一步自动化

一座水电站的日间操作通常由现场工作人员负责，他们根据系统操作员的指示负责启动、停止和改变电力输出。水电站操作员提前告知可用的机组数量、电力输出、可用的能

---

❶　http://documents.worldbank.org/curated/en/372731520945251027/pdf/124234‐WP‐Eflows‐for‐Hydro-power‐Projects‐PUBLIC.pdf；http：//siteresources.worldbank.org/INTWAT/Resources/Env＿Flows＿Water＿v1.pdf

源、计划的停运，诸如骑行的环境限制和下游的流量变化限制等其他限制条件。此类告知（declaration）可能需要提前数周或数月进行规划，并随着调度时间的临近而逐步完善。

公用设施有用于这些告知的过程，并且这种操作也会包含在电网规范（grid code）中。对于独立发电商（IPP），这些程序应该在购电协议（PPA）中加以明确规定，并应遵守电网规范。这些程序要考虑到当由于水电设施内或电网上的事件而要求更改计划的调度时所采取的应急控制（emergency control）。

许多水电站设施是基于"规则曲线（rule-curves）"进行操作的，其中已告知的可利用率是基于水库的水位和一年中的固定时间，或者在径流式水电设施的情况下是基于实际的河流流量。规则曲线是根据历史水文记录和目标季度发电模式建立的，并在水电设施调试前加以制定。在许多情况下，这些调度规则没有更新到反映对包括气候变化影响在内的水文条件的更好理解，没有更新到反映电力系统的变化，并且没有更新到反映与其他发电类型相比水电站设施所起的作用。改进的优化和操作的新方法讨论如下。

随着不断增加的自动化水电设施和对新建电厂和更新电厂的远程控制，这些功能已经进行集中执行，无论是对一组水电站而言还是对整个水电站群而言都是这样。

## 4.6.2 计算机化维护管理系统

通过计算机化维护管理系统（computerized maintenance management system，CMMS）的安装和培训，诸如案例研究 1 斯科水电站（Statkraft）中使用的系统，是现代化的另一个机会。计算机化维护管理系统是一种设计成简化维护管理的软件。历史传统上，数据是手动记录的，维护主要是被动的，而不是主动的，只有当出现问题时才进行维护。

伴随着计算机化的进展，人们可以跟踪工作指令，生成准确的报告，并立即确定哪些资产需要预防性维护，从而降低维护成本。

鉴于软件具有为客户服务的本质特性，人们实施、操作和维护一个定制的计算机化维护管理系统的成本相对较高。标准化的基于云的解决方案（clouded-based solutions）也可以考虑，因为它们购买价格较低，并且通常独立于硬件，这就为资产管理提供了成本较低的解决方案。

## 4.6.3 浮式太阳能发电厂或水力连接太阳能发电厂

一个浮式太阳能发电厂（floating solar plant）是一个太阳能电池板的阵列，它是漂浮在水体上的一种构筑物，通常位于一座水库或湖泊水面之上，如图 4-4 所示。浮式太阳能发电厂产生的电力可通过现有水电站传输至电网，节省单独互联的成本。浮式太阳能是一个相对较新的概念。它的好处包括减少水库中的蒸发，这对于处于炎热和干燥气候下的大型水库可能很重要。

世界银行的能源行业管理援助计划（Energy Sector Management Assistance Program，ESMAP）一直在考察安装浮式太阳能设备的商业机会。

大约 $1.5 \text{hm}^2$ 的水库面积通常能够设立一个 1MW 的浮式太阳能发电厂（Pickerel，2016）。有许多因素可能会影响这种需求，例如所用浮标的类型和电气设计方面离海岸的

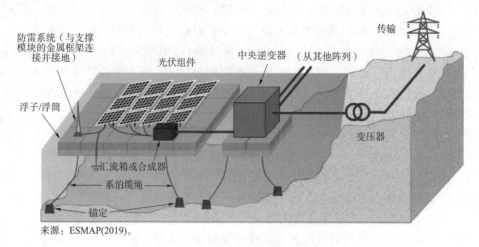

来源：ESMAP(2019)。

图 4-4 浮式太阳能发电厂装置

距离等。

水电站设施周边的太阳能土地开发（hydro-connected solar，水电连接太阳能）也可被视为另一种方案，其受益来自于可利用的地、现有变电站、电网线路、监控和数据采集（SCADA）以及人力资源。

## 4.7 将运维整合在新水电项目和大修设计中

人们需要在初始基建资本支出和运行维护成本之间进行权衡。通常一个高度规范化的设计伴随着高质量的施工和高质量的设备，将使其操作和维护成本较低，运行持续时间较长，停机次数较少，并产生更多的发电能源。

水电站有许多方面都可以设计成便于操作和维护，并降低运维成本，这需要考虑到水电设施的具体条件。下面列出了一些案例：

（1）装卸区（loading bay）和机组周围需要提供足够的空间，以便装备拆卸（dismantling）、布置设备（laying out equipment）和重新布局（reassembly）。

（2）水轮机厂房（turbine hall）内起重机下方有足够的顶部空间（head room），可以在不拆分主动轴（splitting the shaft）的情况下拆除水轮发电机组，避免维护期间耗时的校准和平衡程序（alignment and balancing procedures）。

（3）对于可能发生侵蚀的卡普兰转桨水电机组（Kaplan units），人们能够从下面单独移除叶片，可以大大减少维护的时间和成本。

（4）具有冗余系统（redundant system）可允许在水电设备仍在运行时维护或更换一套设备。

（5）使用多台机组可允许在低流量季节进行维护停机而不会损失发电量，在此情况下单台机组则需要水电站全面停机（full station shutdown）。

设计还应考虑运维期间的安全和故障风险。案例包括：

（1）应制定双重关闭（gates and stop-logs，闸门和叠梁）规定，以提供安全工作条件。

（2）水道高压侧的管道或开口（包括压力传感器开口和压力平衡管道）应标识存在淹没风险，并且应该被避开或用阀门保护。

泥沙管理是一个必须在基建资本和操作成本之间取得平衡的领域。除沙设施的资本成本通常很高，泥沙往往是山区尤其要考虑的重大因素。除沙室规模过小或不提供除沙室可能会导致转轮（runners）快速腐蚀，导致发电效率的损失和高昂的维修成本。

水电项目可行性研究阶段的优化方法会影响施工成本—运营成本（OPEX，operation expenditures）的权衡。使用低贴现率（discount rate）的经济模型将倾向于支持初始基建支出，以避免未来的成本。然而使用贴现率高的经济模型或使用资本成本高的财务分析往往会使未来的成本和收入贬值，从而有利于施工成本低的水电站设施。

在质量方面也会遇到类似的问题。虽然规范化程度低、设备质量低或施工不良可能会受到财务优化的青睐，但将对未来的运维产生影响。这是案例研究 6 的 Salto Grande 操作者指出的挑战之一。

虽然 40 年前安装的设备最初质量是高的，能够在可利用率高和低成本的情况下长期操作，但是人们更关注财务盈利动力（financial drivers）可能鼓励采购更便宜、质量较低的设备，这可能使现行的运维战略难以实施。

## 4.8  选择足够的质量标准

虽然没有公开可用的或普遍采用的水电站运维的具体标准，但水电站的采购，土木工程、电子设备和机械设备的施工、安装和调试都有标准。其中一些标准可以为运维的各个方面提供进一步的战略指导，包括如下方面：

IEEE 492—1999，IEEE 水轮发电机操作和维护指南

IEEE 1147—2005（R2012），IEEE 水力发电厂大修指南

FDX 60 - 000 - ICS：03.080.10 - AFNOR（2002），维护服务/水电站设施管理

ISO 55000：2014，资产管理：总论、原则和术语

ISO 55001：2014，资产管理：管理体系，要求

ISO 55002：2018，ISO 55001 应用指南

国际 ISO55000 标准正在成为公认的和普遍接受的资产管理标准。它开始被世界各地的公共事业机构和私营公用事业公司采纳，例如瑞士 Alpiq 公司（Rouge 和 Bernard，2016），这些公司拥有大量水电资产，并寻求管理水电站资产的整个生命周期。实施资产管理标准可以改善水电站的运营绩效和资产状况，提高电厂的可利用率，实现高效可靠的操作。

## 4.9  本  章  小  结

基于第 2 章步骤一中完成的诊断，为实现第 3 章步骤二中所确定战略目标所要求识别的关键活动和关键措施。

第 5 章
步骤四：考察适用于实施
运维战略的各种战略模式

在本章步骤四中，考察了适用于运维战略的各种模式。在阐述了每种模式的主要特征之后，又比较了其优缺点，并对每种模式在其所最合适的背景提供了指导。最后分析了运维合同的主要特征。

## 5.1　运维战略的模式类型

有 3 种类型的模式可用于实施某一种运维战略：

（1）模式 1：业主保留唯一的运维责任。

（2）模式 2：业主向咨询公司、合同承包商或供应商外包（outsource）若干运维责任。

（3）模式 3：业主向一个独立的操作商外包所有的运维责任。

模式 1 通常是首选方案，其中业主拥有从事运维的技能、资源和能力，这也使运维团队的利益与业主的利益一致。模式 1 被视为最终目标，而模式 2 和模式 3 可被广泛视为临时安排。

如果因业主的技能、资源或能力不足而不合适模式 1，且技术援助不太可能将绩效提高到足够的水平，则可考察进一步的选项，以便在提供运维服务方面提高私营部门参与度（private sector participation，PSP）。

每一个选项在私营团队和业主之间分配不同的风险。风险配置（risk allocation）应基于将风险分配给最有能力管理和最有能力承担风险的团队的原则。模式 2 和模式 3 考察了这些选项。如图 5-1 所示，从模式 1 到模式 2，再到模式 3 的各种方案选项，逐渐将风险转移到外包承包商（outsourced contractor）身上，降低了业主的风险，但通常会增加总成本。

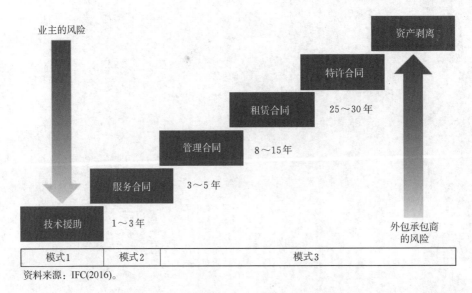

资料来源：IFC(2016)。

图 5-1　某些运维活动和运维责任的外包选项

但是无论采用哪种模式，业主通常都要对外部风险承担最终责任，例如安全责任、环境绩效责任，并遵守管制、法律和合同义务。

在某些情况下，模式可能会重叠。例如在模式 1 下，尽管业主完全负责运维，但他通常会委托研究服务和咨询服务来支持运维职能，或评估更新和升级方案选择。模式 2 和模式 3 之间的界限是，模式 3 的外包承包商对运维负全部责任，可能包括修理或更换某些设备的责任。

使用模式 2 和模式 3 外包运维服务的能力取决于是否能够采购适当的承包商。因此在制定运维战略的早期阶段，进行市场调查（market sounding）以评估承包商的可用性和专长是合适的。大量的水电设施可以集中在一起，以增加合同的规模，使其更具吸引力。如果没有足够的市场兴趣，它可能会限制在选择模式 1 或模式 2，以获得有限的外部支持。

在跨国公司拥有水电站所有权的情况下，如 Rusumo Falls，可能会组成一个新的实体（如特殊目的机构，special purpose vehicle）来开发和运营该水电站设施。在这种情况下，该实体应类似于私营部门业主，但具有公共部门的若干限制。重要的是要确保该实体有足够的技能、能力和资源来进行施工和操作，这可以通过步骤一中的诊断过程来确定。

与模式 2 相关的培训课程通常由机电设备供应商或总承包（EPC）合同承包商提供。该培训旨在塑造业主运维团队的能力，通常在施工合同期间提前开始。如果业主有足够的运维能力，该培训使模式 1 能够在水电站设施竣工后部署。

下面将进一步分析每种模式的特点和优缺点。

## 5.1.1 模式 1：业主保留唯一的运维责任

模式 1 有两种版本：模式 1A 的业主是公用实体，通常是垂直整合的公共事业公司；模式 1B 的业主是独立发电商（IPP）或私营特许公司（private concessionaires）。尽管这两种模式之间的区别很小，但在实践中公共实体很少能够单纯基于商业基础作出决策，而且要考虑到更大的监管限制和政治考量。在某些国家，可能不允许或不鼓励公共实体外包运维服务，因此即使可能在模式 2 或模式 3 更合适的情况下，可能会限制使用模式 1A。

1. 模式 1A：公用部门业主处理所有的运维服务

模式 1A 是发展中国家电力部门所有制和管理的最常见模式，这些国家的水电站运维职能体现在政府所有的公用事业中。许多发展中国家的电力设施是垂直一体化管理的，负责发电、输电、配电、系统运行和电力销售。这种垂直整合（vertical integration）有时会掩盖公用事业各部分的成本和使用效率，从而难以评估其资产是否高效运作和保持盈利。

第 2 章步骤一中的诊断实践应该已经确定了是否要求水电公用事业单位（及其运维单位）增加其资源和能力，包括员工的数量和技能，来执行可持续的运维工作，并确定了是否要求有针对性的外部干预措施来改进其提供的运维服务。

在本模式中增强或制定其绩效时，业主应特别：

（1）确保调动足够的和熟练的资源，包括领导者和管理人员。

（2）制定正确的战略（strategies in place）来管理对该水电设施的政治影响，并提高财务管理和采购的透明度。

（3）通过该水电设施预算内的优先顺序，加上所有必要级别的充分信托授权（fiduciary delegation），确保向运维部门提供充足的融资渠道。

无论一个组织在水电站运营方面取得了多大成功，利用外部顾问进行技术评估和业务审查仍然有助于提高效率和改进效果，有助于引入现代的维护管理方法，并在运维优化的帮助下提供服务。部分国有的大型公用事业公司希望提高其水电站群的运维绩效并提高资产价值，也可以考虑与高绩效的水力发电公司合作或雇用类似公用事业公司，以协助实施其改善绩效。

2. 模式1B：私营部门业主（独立发电商或特许权业主）负责所有的运维

在这种情况下，私人业主调动其内部资源来实施所有运维活动，并可考虑招聘能成为业主机构员工的人员。人员配置成本可能会受到是否需要招聘国际外派人员（expatriate staff），或当地是否有适当的技能和能力（通过培训加以增强）的高度影响。

对于模式1A和模式1B而言，业主可考虑调动有针对性的技术援助，为业主提供特别建议和支持，以增强其能力。然后聘请技术援助提供咨询服务，通常是短期的，按时间收费或一次性收费（lump‐sum fee）。从长远来看，这可能包括在本组织内聘请专家担任顾问，通过技术水平和管理能力建设提高业务效率。在这种情况下，承包商只承担咨询合同中固有的风险，尽管也可能有一些与业绩指标有关的激励奖励、利益分享或可变费用和处罚。这种合同是一种有限的参与，常常不超过2~3年，并且通常作为业绩不佳企业能力建设的第一次尝试。

## 5.1.2 模式2：外包某些运维活动

模式2允许灵活地选择一些要外包的限制性的（ring‐fenced，约束性的、专用性的）运维功能，以增强业主的能力。某些运维活动外包可能会受到限制，扩展到维护或功能体系的某些特定领域，如机电部件和信息通信技术（ICT），或扩展到更多的责任领域。如图5‐2所示，其中服务从左到右逐步扩展，直到其范围接近模式3的业务范围。

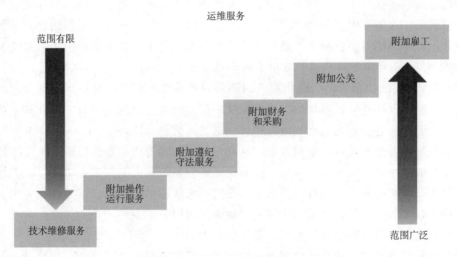

图5‐2 服务合同中运维服务的外包范围

模式2的各种选项在下文中给出。

1. 技术维修服务

技术维修服务（包括电气、机械、通信、控制和保护活动的维护）是最常见的外包服务。外包这些服务使公用事业公司能够解决设备问题，并以预定的成本按照预先确定的时间表执行维护计划。有了现代化的电厂，大部分监控活动可以远程进行，例如从设备供应商的总部进行监控，从而能够提供具有成本—效益的服务。这一级别的外包包括聘请工程公司进行土建工程的维护和水工结构的检查和维护。承包此类服务也可以建立在固有的功能体系之中，这有助于厘清业主和服务提供商之间的责任。

2. 电厂操作运行

电厂的运行责任也可以外包。电厂操作运行可以有各种各样的管理方式，这取决于电厂的运行年份（vintage），取决于水电站设施和控制中心之间的控制链、保护链和通信链。现代数据链路和通信系统允许远程操作和集中操作，理论上允许将电站控制和操作外包。既然本地控制和操作需要连续三班 24h 的人员配置，因此外包给远程操作员可能会有潜力节省大量成本。然而，特别是对于公共部门业主而言，这些成本节省必须与安装现代系统的成本与减少现场人员数量或重新部署人员可能产生的阻力和社会经济后果进行权衡。

3. 遵纪守法责任（compliance responsibility）

业主还可将遵守适用于电站运行的法律责任和管制责任委托给运维承包商，如水库水位限制、生态流量要求、数据记录、流量测量、环境合规性、工作场所安全、健康立法、劳动法和社会责任等。此类责任将被视为合理的附加条款（addition），因为运营商可以控制大多数合规行动，并且最有能力将此风险作为电厂日常操作的一部分进行管理。

4. 财务管理和采购

水电站设施业主还可以增加财务管理和采购管理的责任。运营商可以负责开发票（invoicing）、收取费用和核算收入（collecting fees and revenues）、管理有关银行和日常运营资金账户等。根据批准的预算和相关的采购规则和政策，财务责任也可以扩大到包括服务、备件和消耗品（spare parts and consumables）的采购。这种外包可以支持限制性活动（ring - fencing），提高这些采购服务和信托服务的效率水平和管理能力。

5. 公关工作（public relations）

虽然大多数业主保留对公关工作的控制，但如果针对与可能受日常运营、环境问题和社会问题以及遵守特定现场法律和监管影响的社区关系，则可要求外包运营商处理这项任务。

6. 员工雇佣（employment of personnel）

在更综合的运维管理承包中，运维外包承包商还可以提供全部的劳动力。这样做可能会降低业主的风险，但会在合同中断事件时增加失去整个运维团队的风险。如果承包商是水电站编制内员工，而不是业主劳动力的管理者，则在发生争议时承包商具有相当大的影响力。首选的模式是，在合同期内当地劳动力由业主支付工资，并借调给运维承包商。

外包责任还可以扩展到：①制定和更新运维程序；②设计和安装维护管理系统（包括备件库存清单和临时管理系统）。

这种服务合同应该清楚地记录移交给承包商的具体操作领域，但根据模式 2，承包商的责任不应扩大到承担因设计、制造、安装、测试、调试等方面的不足而引起的故障风险，或非因维护不善或操作不当导致的设备正常磨损故障风险。承包商应该不愿意承担超出其控制范围的风险。承包商的报酬（remuneration）可以采取不同的形式，但通常与业绩挂钩，采取固定费用和可变费用相结合的方式。违反约定目标的，对绩效低下（under-performance）可处以罚款。第 5.4 节提供了进一步的指导。

### 5.1.3　模式 3：运维全部外包

本模式将所有的运维责任交给一个运维承包商。

在某些发展中经济体的水电可持续能力历史欠佳，导致越来越依赖私营部门提供新的或修复的水电站设施，并在特许权安排（concession arrangements）或完全所有权的情况下运营和维护这些设施。然而，将运维完全外包给私营部门组织可能会带来问题和风险。如果不首先对主管部门进行松绑（unbundling），并为私营部门参与制定适当的条例，在一个大型垂直一体化管理的公共事业机构内部这样做可能会很困难。尽管面临挑战，私营部门参与运维的数量仍在增加。对于新兴经济体，特别是拉丁美洲，取得了成功的结果。在开始使用模式 3 之后，业主可能很难恢复使用模式 1 和/或模式 2。

模式 3 中的可用选项包括：

1. 管理合同（management contract）

本管理合同案例中承包商负责水电机组的运行和维护，通常将自己的员工安排在业主机构中的关键岗位，并提供额外的短期技术服务、行政服务和培训服务。合同通常是基于固定费用和可变费用的绩效，并且通常对低于目标的绩效进行处罚。承包商的风险敞口（risk exposure）仅限于其控制范围内的事项，并根据合同约定的目标（agreed targets）进行测算。所有的资产仍然属于业主的财产，承包商无需承担任何投资风险。这类合同通常被用作提高资产绩效的临时措施，或在新业主开发其自身能力时在运营之初使用。根据该水电站公用事业管理的能力水平和合同的目标，合约期通常限于 3～5 年。

2. 租赁（承租合同或出租合同，affermage，lease agreement）

在本租赁合同（affermage）案例中承包商承担运营责任，但水电资产仍然是初始业主的财产。业主应当支付相当于资产合理回报率的出租费（lease fee）或租赁费（affermage fee），以使其能够再投资于固定资本置换或扩张活动。承包商无需通过提高诸如计费（billing）、计量、收费、燃油效率、减少损失和生产力等方面的运营效率来进行投资和获得报酬。如果鉴于成本回收的收费（tariff）不足造成的现金流改善不足以支付承包商，业主将不得不填补收费差额（tariff gap）和/或推迟租赁费。虽然存在许多机会通过引进新的工艺、程序和技术来迅速提高运行绩效，但改善的速度与业主为长期投资提供资金的能力有关。通常与服务质量标准有关的绩效指标亦会成为合同安排的一部分。这些合同通常会持续 8～15 年。

出租合同（lease contract）与承租合同（affermage）既有相似之处（similarity），又有显著区别（distinct differences）。在业主通过转嫁商业风险和绩效激励而无需私人资本时与私营部门合作，两者都可使用。在竞争性采购时，这两种方式通常都是以业主的最高付款为基础进行投标，或以最高租赁付款或最低留存收入百分比的形式进行投标。业主仍然负责固定资产投资。除了执行运维之外，运营商还应该监督基建资本投资计划。这些合同通常包括合同结束时的最低更换条款，或要求设备移交时处于良好运行条件。这两种合同结构都承担了更大的监管风险和收入风险，因为它们依赖于收费水平来涵盖运营成本。

在出租合同中，经营商向业主支付一个固定的水电资产租金（租赁费），并承担收取费用的风险（collection risk），但保留产生的超额收入。在承租合同情况下，经营商保留所产生收入的一部分，然后将剩余部分支付给业主。因此只要收款涵盖了租赁费用，运营商的收入就有保障，业主承担了收入风险的更大部分。业主的收入涵盖了他的费用和利润，有时一部分被仅限于限制性（ring - fenced）或抵押用于（hypothecated）水电项目投资。

接下来的两个选项仅在业主是公共事业公司时适用。

3. 特许经营权（concession）

水电特许经营权是一种公私合营（public - private partnership，PPP，或译政府企业合作）的安排，其中私营部门和公共部门分担风险。通常情况下，政府授予（grant）特殊目的的公司至少 20 年的长期安排，其中政府或部分国有的公用事业公司可能是股东，也可能不是股东。特许权持有人（concessionaire）在特许期内被授予所有权，并授予实施、运营和维护水电站设施的责任。运营商可自由运营和维护水电设施，以期在特许经营权协议的约束范围内获得约定的投资回报，特许权协议详细阐明了法律责任、雇员责任、环境责任和社会责任。

特许权持有人还可能被要求大修和翻新某些设备，从而将特许权转变为大修、运营和转让（rehabilitate，operate，and transfer，ROT）模式。在这种合同案例时特许权持有人在协议期限内有条件地被授予对现有水电资产和新创造固定资产的资产所有权，并负责提供、采购和管理投资基金。类似于租赁合同，特许权持有人的报酬是基于电量销售（受制于电量购买协议 PPA），并取决于在计费、计量、收费、发电效率、减少损失和生产力等各个领域的运营效率的改善程度。

特许权协议通常还将若干基建资本支出（CAPEX）责任（和/或承诺）转移给特许权持有人，并包括特许期结束时对水电设备和设施状况的要求。如果现金流改善不足以支付特许权持有人，并且由于成本回收收费不足而无法获得合理的投资回报，则业主或国家必须通过补贴（subsidization）填补收费差额。通常情况下投资是按照特许经营权协议中规定的时间表进行的。

在上述所有合同中，关键挑战之一是厘清责任分配，和在绩效低下（特别是设备意外故障）的情况下如何补偿各方；二是厘清哪一方负责修理/更换中型设备和大型设备，而在签署协议时这些设备的未来状态往往不得而知❶。这是 SOGEM 公司与 ESKOM 公司签订的 Manantali 大坝运维合同在管理方面产生重大困难的根源。

4. 资产剥离（divesture）

在外包方案的极端情况下，剥离意味着将水电资产的部分或全部出售给私营部门或自治电力合作社（autonomous electricity cooperative）。人们应该评估法律环境和监管环境，以确定是否允许转让国有的关键服务基础设施资产的所有权。

资产剥离事件与其他外包一样，重要的是向承包商提供适当的数据和文档，以确保水电设施所有方面的管理和性能的连续性。这对于与安全有关的任何文件都特别重要。

---

❶　这种情况经常发生，因为对设备进行全面的工况评估通常需要昂贵且耗时的机组拆卸。

# 5.2　不同运维模式的优缺点

为了帮助业主选择适合当地情况的模式，表 5-1、表 5-2 和表 5-3 分别比较了模式 1、模式 2 和模式 3 的优缺点。

表 5-1　　　　　　　　　　　　模 式 1 的 优 缺 点

| 优　　点 | 缺　　点 |
|---|---|
| 优点 1：运维的责任在于实体，该实体的最大兴趣在于确保可持续的收入流，并确保水电设施长期的安全和性能 | 缺点 1：该模式受制于政府干预，经常使公共业主缺乏财力进行有效的运维 |
| 优点 2：业主最便宜的制度安排 | 缺点 2：业主不能受益于由外包引起的高技能、高效和新工艺 |
| 优点 3：业主保留对其投资和经营预算的完全控制权 | 缺点 3：公共部门采购的官僚主义、现金限制和付款延迟都使零部件的购买变得困难 |
| 优点 4：如果公用事业部门没有充分的资格开发水电项目或进行运维，则可以获得点对点的（ad-hoc）和灵活的技术援助，以改进运维功能，并应对新的技术挑战 | 缺点 4：公共业主的预算很少包括未来基建资本投资的经费，使电厂依靠捐助者为延长寿命、大修或更新提供资金 |
| 优点 5：这种模式只需要扩大和培训现有的有能力的劳动力 | 缺点 5：对运维预算的管理通常是集中的（但并不总是透明的），这会妨碍运维支出（尤其是对于偏远的电厂） |
| 优点 6：劳动力成本及其相关费用很低 | 缺点 6：对员工提供高质量运维的激励不足 |

表 5-2　　　　　　　　　　模 式 2 的 优 缺 点 （某些运维外包）

| 优　　点 | 缺　　点 |
|---|---|
| 优点 1：在业主之间共享和传播最佳实践方法 | 缺点 1：在发展中国家提供运维服务的有能力和有经验的承包商很少 |
| 优点 2：该模式为政府、业主者和捐赠者/融资者提供了增强业主能力的灵活性。与此相反，可以外包的一揽子服务能够推进业主发电机组管理的技术转型和财务周转率（financial turnaround） | 缺点 2：这种模式削弱了政府和部分国营事业单位的支持，使之发生重大变化 |
| 优点 3：减轻业主的责任：通过一个运维服务合同将一定的运维功能体系转移给一个独立的和可信赖的运营商 | 缺点 3：采购和技术能力薄弱可能导致服务合同弱化和界定不清 |
| 优点 4：建立业主组织的能力模式，允许在足够的时间后逐步将责任转移回业主 | 缺点 4：外包运营商在不了解设备状态的情况下履行承诺存在困难 |
| 优点 5：由有经验的员工协助处理调试问题并在水电站运行初期消除技术问题 |  |

| 优　点 | 缺　点 |
|---|---|
| 优点6：可以签订一个全面服务合同或部分服务合同，促进业主组织机构的能力建设，并在足够的时间后将责任逐步移交给业主。该选项允许有经验的员工协助调试，并在初始运行期间消除技术问题 | |

表5-3　　　　　　　　　　模式3的优缺点（运维全部外包）

| 优　点 | 缺　点 |
|---|---|
| 优点1：运营商在达到或超过与业主商定的技术和财务关键绩效指标时有激励措施 | 缺点1：可能会导致比在内部提供类似服务更高的总成本 |
| 优点2：可能会吸引特许经营权融资和捐助者的兴趣 | 缺点2：运营商可能需要风险担保（例如确保电量承购） |
| 优点3：有减少政府干预的潜力 | 缺点3：公众印象常常是负面的（如国外拥有的业务） |
| 优点4：根据收费和运营协议的合同进行监管 | 缺点4：政治争论的焦点（对自然资源的主权或担心私营部门将胜过公共部门） |
| 优点5：预先商定的成本反映收费方式、收入保障和无汇率冲击 | 缺点5：可能引发有组织的劳工抗议（公共部门失业） |
| 优点6：能够控制其所有投资和运营预算 | 缺点6：水电项目的财务可持续性取决于承购方的成功和盈利能力（bankability），取决于其及时履行付款义务的能力 |
| 优点7：尽可能地培训当地职位，以减少外派人员的劳动力成本和相关费用 | 缺点7：未来的其他水电项目或特许经营权可能会侵蚀水电设施的运营边界 |
| 优点8：奖金和罚款可以激励经营者和特许权持有人履行义务 | 缺点8：发展中国家能够提供运维服务的有能力和有经验的承包商很少 |
| 优点9：可能产生更快更大的改进 | 缺点9：这种模式削弱了政府和部分国营事业单位的支持，使之发生重大变化 |
| 优点10：施工风险常常由特许权持有人承担 | 缺点10：由于业主的长期利益与承包经营者的短期收益最大化之间存在分歧，因此难以建立公平的合同 |
| 优点11：运维绩效要求可由特许权持有人、融资方和授权方共同制定和监督 | 缺点11：业主可能逐渐失去监督承包商和特许权持有人的能力，并逐步失去探讨战略责任和战略导向（包括基建资本支出和投资战略）的能力 |
| | 缺点12：难以配置大修、更新和更换的财务责任 |

# 5.3　适应本地运维模式的筛选指南

最适合单个水电设施（或水电站群）的模式选择取决于水电设施业主的商业目标，业主最终负责水电设施的安全和有效性能。它还受到政府政策、监管环境、劳动法和授予特许权和/或剥离所有权的管治能力制度的强烈影响。

驱动 O&M 模式选择的主要因素还可能包括如下方面：

（1）所有权类型。

（2）业主的技术能力、管理能力和财务能力。

（3）本地劳动力和熟练劳动力的可用数量。

（4）赋能环境（监管、熟练人员的可用数量、制度安排和合同条款等）。

（5）大修、更新和更换的需求。

## 1. 所有权类型

公共实体（public entities）可能经常希望保持模式 1，因为他们通常不情愿将运维外包，因为缺少政治家、工会、贸易组织和专业化组织的支持。公用事业机构还经常以传统方式为此类公共服务配备人员，以提供和维持当地就业。大型部分国有企业往往向政府汇报，因此往往受到公务员就业规范的制约，有时难以外包服务。在这种情况下，独立诊断需要密切关注如何在短期内最好地开发内部所需的技能和知识。然后可以考虑签订中短期技术援助合同。如果这种支撑合同被认为不充分的或不可持续的，应考虑采用模式 2 或模式 3 进行临时改进或长期改进。

私营实体（private entities）将部分责任或全部责任外包给专门从事这一领域的其他私营运营商方面的限制往往较少。

## 2. 业主的经验、能力和知识

正如在第 2 章步骤一的诊断中所评估的，业主的经验和能力对于模式的选择和界定外包的支持水平是至关重要的。如果业主在效率、服务提供和熟练员工方面有经验，那么应用模式 1 将更容易。在现有水电站群中增加新水电项目的情况下，当业主已经证明其经验和效率时，保持在模式 1 中也会更容易。对于这些业主来说，应该招聘必要的员工并重新分配有经验的员工来培训他们。然而，一个没有经验或效率低下的业主可能会考虑使用模式 2 或 3（至少作为过渡措施），以确保从一开始就安全、可靠地运维。当地技术人员和管理人员的培训也可以随着时间的推移来进行，其目标是使大多数劳动力日益本地化，并降低运维成本。

考虑到水电站强迫停运率通常在试运行之后的一段时间内最高，运维战略将需要确保从运行开始就有合适的熟练员工，这些员工能够根据经验做出决策，解决技术问题，并持续培训当地员工，直到其能够同时安全地管理和执行所有的运维任务。根据业主对运维管理和劳动力（in - house or contracted，内部在编员工或合同聘用员工）的满意度，可以考虑在运营初期由原始设备制造商（OEM）通过一个运维支持服务合同（模式 2）加强劳动力水平。

## 3. 国内具有必要技能劳动力的可用数量

水电开发水平和编制富有活力水电课程的能力是当地劳动力市场上熟练运维人员可用

数量的关键性决定因素。人们需要确定当地熟练员工的质量和数量，以便为未来水电开发或对现有设施进行改进。无论是选择内部员工还是选择外包运维模式，都必须有当地员工参与。那么现有劳动力的规模和质量将影响模式的选择，包括当地员工和外地派遣员工（expatriate staff）之间的责任分工。

埃塞俄比亚、加纳、印度、肯尼亚、莫桑比克和巴基斯坦等国家已经开发了必要的教育和技能培训，并建立了具有水电站运维经验的当地劳动力队伍，这些劳动力经过培训后随时可供业主、特许经营权持有人或运营商雇佣。例如巴基斯坦的新邦逃脱新水电站设施（案例研究 4）由一名私营业主提供招聘熟练员工（skilled staff），这些员工来自于巴基斯坦水电开发局培训的大量国内劳动力。在运营的最初数年，直到业主的内部管理团队准备接管劳动力的管理，它与 TNB 公司（马来西亚）签订了运维管理援助合同。

其他国家可能面临能力挑战，包括缺乏具有水电经验的当地劳动力，这可能导致在外包模式 2 和模式 3 下依赖跨区和国际人员。处于冲突后的国家尤其如此，因为这些国家的整整一代人都失去了接受教育的机会。在这些情况下外包（地区或国际）基本技能在中短期实施运维战略是常见的。例如塞拉利昂 Bumbuna 水电站（50 MW）的人员配备是通过从埃塞俄比亚电力公司（EEP）引进一名劳动力来完成的。该水电站设施的全面管理权属于总承包商 Salini Costruttori。对口的当地工作人员已经到位，对 EEP 和 Salini 员工进行培训和跟踪，其目的是最终取代大多数外派人员❶。

4. 有利的环境和治理

根据劳动法要求：在选择运维模式时，必须考虑本国的劳动法、移民和就业法规。一个新的水电业主需要在规划阶段就了解这些要求和限制，包括关于贸易和职业工会的法律，以便预测外籍人员招聘的障碍、成本含义和有关风险。模式 2 和模式 3 中的运维外包服务提供商在目标国家提供服务时必须考虑类似的市场特定要求和限制，这可能会影响其对此类服务的预期偏好。

授予服务合同或特许经营权（模式 2 和模式 3）的政府或公用事业公司也可在特许权协议中加上当地雇用就业的规则和要求，包括在特许权结束时可能向业主移交潜在员工的规则和要求。在过渡期间这些需要被调动员工的雇用条款和条件是正规的。

图 5-3 阐述了需要如何调整组织结构和人员配置计划，并把国家立法和合同义务中的劳动就业限制考虑在内，这些限制可能会影响运维战略的制定。

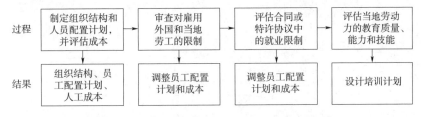

图 5-3　劳动法和就业限制对员工配置计划的影响

**治理（government）：** 现有的治理体系也可能对一种模式的选择产生很大的影响。如

---

❶　http://jouleafrica.com/projects/bumbuna-phase-ii

果业主希望将部分责任转移给外包运营商（模式 2 和模式 3），则应通过相关的治理体系和授权（delegation）予以支持，使运营商能够履行其职责和愿景，并提供高效服务。

5. 需要的大修和修理

大修或修理的需要也可能影响运维模式的选择，或至少影响所寻求的外部支持的类型。如果在能预见到主要工作的情况下，业主可能希望在更新合同中包括某些运维服务，如调试后的培训和运维支持。

如上所述，决定运维战略选择的主要因素是业主的能力、本国的监管环境和机构的管理方法。表 5-4 提供了在发展中国家基于业主的战略选择，这些战略选择在于执行一个新水电设施或更新设施的实施和持续运维。

这些建议如图 5-4 和图 5-5 所示的决策树。

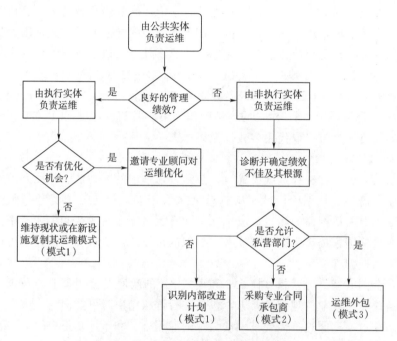

图 5-4 公共实体模式选择的决策树

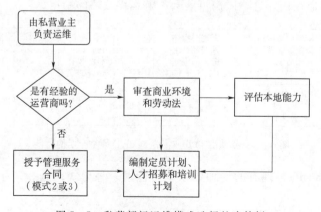

图 5-5 私营部门运维模式选择的决策树

表 5 - 4                                    基于业主能力实施适当运维的战略选择

| 所有权和能力 | 可能的战略选择 |
| --- | --- |
| 水电设施管理不善的公共实体 | ■ 如果不允许私人运营商（模式 1A），则通过内部和外部能力建设支持继续运营<br>■ 雇用技术顾问/承包商加强薄弱领域（模式 2）<br>■ 雇用全方位服务的管理承包商（模式 3） |
| 水电站群设施运行良好、管理良好的公共实体 | ■ 维持现有管理方式不变<br>■ 在需要专业技能或知识的领域寻求外部援助（模式 2） |
| 管理单个水电站设施的私营实体和首次特许经营权持有人，或新成立的政府机构 | ■ 建立内部能力，并在选定区域寻求支持（模式 2）<br>■ 采购一个全方位服务的运维承包商，至少在最初阶段；随着时间的推移实现就业本地化（模式 3） |
| 拥有一批水电站设施群的经验丰富的私营特许经营权持有人 | ■ 维持现有管理方式不变<br>■ 在需要专业技能或知识的领域寻求外部援助（模式 2） |

# 5.4  构建运维服务和管理合同

水电站设施的运维合同在许多方面类似于其他公用事业管理服务合同（MSC）。服务工作大纲（terms of reference，TOR）确定其服务范围，并根据客户的需要而有所不同。目前还没有水电运维服务的任何标准合同。不过，其他行业的运维合同范例可在世界银行网站上查阅❶。

管理服务合同（MSC）的结构类似于咨询服务合同。它们通常以总价（lump - sum price）形式以固定的期限发行，并附有明确的里程碑、可交付成果和绩效激励等。消耗品和备件等费用可单独报账（reimburse）。

根据作者的经验和对来自加拿大、马来西亚、尼泊尔、巴基斯坦和撒哈拉以南非洲的水电运维合同和世界银行管理服务样本资格预审❷和招标文件❸❹的审查，在考虑模式 2 或模式 3 时，提出以下指南：

1. 是服务合同还是管理合同？

管理合同应该作为一个战略选择，当业主是一个：

（1）缺乏经验的、首次特许权持有人，或是一个新成立的半国有单位（管理单个水电

---

❶  https：//ppp. worldbank. org/public - private - partnership/sector/water - sanitation/management - operation - maintenance

❷  http：//documents. worldbank. org/curated/en/297191467998780726/pdf/multi - page. pdf

❸  http：//documents. worldbank. org/curated/en/458841468739545677/pdf/multi - page. pdf

❹  特别是为编制采购文件、对投标人进行资格预审和对服务进行投标提供指导的技术说明。技术说明不仅就文件的编制和采购过程的管理提供了系统性的咨询意见，而且还提供了发展中国家公用事业管理服务合同的实例，并阐述了在为公用事业制定管理服务合同的关键组成部分时不同备选方案的优缺点。

项目实施)。

（2）现有的半国有公共事业机构，在水电站设施的运维方面表现不佳。

（3）经验丰富的水电特许经营权持有人，却不希望负责一个特定设施的招聘、员工管理和运营。

当现有实体（无论是私营实体还是公共实体）希望加强在某些领域的能力或外包特定的活动或责任时，服务合同是首选办法。

2. 服务的内容

服务范围将取决于哪些服务将被外包，哪些责任将被转移。服务范围可以从仅管理技术维护职能到管理设施运营、财务和行政事务以及公关事务。合同应详细说明以下领域的服务范围：

（1）运营。

（2）维护（包括分配责任的开支）。

（3）环境、社会和许可的合规性。

（4）监管合规性和法律合规性，包括与购电协议（PPA）的互动。

（5）运维支出和基建支出的责任。

（6）采购和财务管理。

（7）公众互动和社区关系。

（8）人力资源和工资总额（payroll）。

然后合同建议书和合同草案应确保外包服务得到明确界定，确保责任和债务（responsibilities and liabilities）的划分（demarcation）清晰。合同还应体现以下特点：

（1）合理平衡双方的风险分配。

（2）合理平衡承包商的风险和回报。

（3）足以激励承包商的可变费用（最低限度的固定费用应涵盖承包商的直接成本和间接成本，等于或高于正常利润水平则是可变的）。

（4）为满足目标应倾向于奖励金而不是罚款，从而促进积极的激励（因为投标人可能会在投标价格中包含罚款的风险，从而失去激励并同时导致更高的成本）。

（5）辅助性原则（subsidiarity）：应根据谁最有能力管理和承担风险来分担风险。

（6）详细说明修理和/或更换设备（特别是昂贵设备或可能导致长时间停机或大量发电损失的设备）的责任。

一个公共实体可以将合同要求建立在责任和债务划分的基础上，这样可以使其更加舒适，并限制外包，前提是这种情况在未来会有所改善。然而，政府和捐助者有时可能会寻求第三方更深入的参与，假定私人承包商将承担更大的责任和问责制，以实现特定的目标成果。人们应通过建设性对话和在评估第 2 章步骤一所执行能力的基础上认真处理这些方面。

3. 关键绩效指标（KPI）

关键绩效指标的改进可用于触发奖励支付。适用于确定成功与支付可变费用而可监控的领域包括：

（1）能源的生产和收入（实际的与计划的，考虑长期水文条件）。

（2）可利用的发电能力（实际目标与合同约定的目标）。

（3）强迫停运率和停运历时（实际目标与合同约定的目标）。

（4）基建资本和运营资本预算绩效（实际绩效与计划的/承诺的绩效）。

（5）劳动力安全指标，如事故发生率和严重程度指数（实际目标与合同约定的目标）。

（6）环境合规性和法律合规性事件（数量和严重性）。

（7）维护活动（实际与计划）。

（8）库存价值（实际与计划）。

（9）培训计划绩效（实际与计划）。

表 5-5 摘自一份现有的管理合同，提供了一些关键绩效指标的说明性数字和阈值。

表 5-5 用于计算激励支付的绩效措施范例

| 指　　标 | 目标值 | 计　算　方　法 | 奖惩权重（总数的%） |
|---|---|---|---|
| 总可利用系数 | 97% | AF＝（可利用小时数/报告期小时数）×100 | 20% |
| 输送可利用系数 | 1% | FOR＝服务小时数×100 | 10% |
| 总发电强迫停运率 | 98% | AF＝（可利用小时数/报告期小时数）×100 | 20% |
| 输送强迫停运率 | 1% | AF＝服务小时数×100 | 10% |
| 预算绩效差异 | ≤＋5% | 不超过批准年度预算的 5% | 10% |
| 库存价值增加 | ≤＋5% | 不超过年度增加值的 5% | 5% |
| 事故频率（每 10 万工时） | 1 | 每 10 万工时造成 1 次失时工伤 | 15% |
| 事故严重程度（每 10 万工时） | 10 | 每 10 万工时损失 10 天 | 10% |

**4. 奖励金、罚款和激励措施（bonuses，penalties and incentives）**

如上所述，奖金优于罚款或违约赔偿金（liquidated damages），以鼓励良好绩效。

当与罚款相关时，罚款和违约赔偿金需要与承包商的收入相称。几乎在所有水电站案例中，运维承包商的收入仅占该水电设施收入的一小部分。因此即使将罚款或违约赔偿金的水平设定为合同的年度总值，也无法保障业主在因运行不良而导致的长时间停机期间免受收入损失。

相反，奖金可以在该水电设施收入的改善中占一部分，从而大大增加承包商的收入，并提供一个良好的绩效激励。因此业主免受收入损失的最佳保护是选择一个高度胜任且经验丰富的运维承包商、适当的保险金额和一个鼓励和奖励良好运维实践的合同结构。奖金通常在支付给承包商的年度基本管理费的 10%～35%。

运维合同还应包括终止服务的可能性，作为对承包商/特许权持有人违约（default）的最终惩罚，应有足够的移交期限，然后根据其进度和成效进行补偿。

**5. 采购（procurement）**

虽然国内外大量运营商有能力在模式 1 和模式 2 框架下提供支撑服务，但很少有经验丰富的运营商能够承担或准备承担模式 3 的运维合同，特别是在发展中国家。在制定采购程序时，尤为重要的是确保质量和经验是合同裁决（adjudication）的主要因素。如果将价格视为选择的首要标准（primary criterion），则优质运维承包商将不会参与该过程，只有能力和经验较差的承包商才会投标（其标书中的资源常常被低估和不足）。这种外包运维的绩效可能比内部保留运维职能要略好，甚至更差。

6. 监督（monitoring）

运维合同应由业主内部团队或外部公司的合格个人或组织进行监督和管理。监督的目的是确保遵守合同条款，确认满足绩效参数，代表业主接收文件和交付物，同意合同变更（variations），证明付款，并协助解决争议。

监督员定期报告运维绩效，为业主提供数据，以评估运维战略的成效，必要时可进行调整和改进。

7. 移交条件（transfer condition）

运维合同通常包括与该水电设施在合同期结束或终止时移交给业主条件的有关条款。它将包括应该进行的测试和检查的细节，并包括评估缺陷以确定罚款或付款扣除（payment deduction）的程序。合同还应包括当事各方万一无法就条件和估价达成协议时争端解决（dispute resolution）程序的细节。

# 5.5 保　　险

保险是适用于管理和降低水电风险的一个重要工具。保险产品种类繁多，涵盖水电开发和运营的各个阶段。有些保险是法律要求的，如第三方责任保险和车辆保险，或是特许协议和运营许可证中规定的。其他保险则是可选的，是为减少成本或减少收入损失而将其投保。在施工过程中为保护业主的收入现金流，在因可保事件造成施工延误的情况下，可提前投保利润损失保险。营业中断保险（Business Interruption Insurance，BII）通常在运营期间投保，以补充业主的全险保单。后者将支付归还受损构件的费用，前者则保护业主的收入现金流。

当对潜在故障事件进行详细的风险分析时，如第 2 章步骤一所述，在确定剩余风险（residual risk）时，人们可以考虑保险赔偿金（insurance proceeds）以减轻这些影响。

承购商（off-taker）未能履行购电协议（PPA）规定的付款义务时，人们也可使用保险。

服务合同和管理合同可以纳入保险要求，以涵盖水电资产的主要风险或可能导致收入损失的风险。公共实体通常为收入损失和重建费用采取自我保险（self-insure），而商业保险通常对私营部门业主和经营者是强制性的。如果不能获得现成的资金，自我保险可能导致重建期延长，并因此失去信心（discouraged）。

在项目竣工前和电厂运行期间，保险是必要的。竣工前阶段的保险包括施工风险、环境风险和政治风险，涵盖了重建成本和预提（advanced）利润损失。竣工后阶段的保险包括操作失事、环境风险、政治风险、停付（nonpayment，或译拖欠）风险和转让风险。在运营阶段，保险通常涵盖厂房和设备、损害故障险（breakdown cover）、收入损失险（营业中断险）和公共责任险等所有风险。

保险费用在年度运营支出预算下列支预算。它们通常约占基建资本支出的 0.5%。保险公司通常要求水电业主和运营商按照制造商的说明书推荐建议和良好行业实践惯例维护水电站。这包括根据运维计划进行预防性、有计划的间隔性的维护。

越来越多的保险公司倾向于运营商使用 CMMS 过渡到基于工况的维护。它们为关键备件的库存提供保险折扣。保险公司通常进行年度运维审计,以确保履行保单的保险条款。制定良好的运维战略和将良好行业实践应用于运维的好处之一是保险费(insurance premiums)有减少的潜力。

对新水电项目的开发商和现有设施的业主而言,在早期阶段咨询保险顾问和保险经纪人(broker)是非常重要的,因为设计方面会影响可用的保险范围和保险费。这可能会对一个绿地项目(Greenfield scheme)的结构(configuration)或一个大修工程的设计产生根本性的影响。

保险保单通常涵盖业主、运营商和其他指定方,包括贷款机构等具有商业利益的机构。

## 5.6 本 章 小 结

本章步骤四是用于运维战略的模式选择。这是从模式 1、模式 2 或模式 3 中做出的一个选择,或者这些选择及其变化。本章还提供了拟调用的合同/运营商清单,包括说明拟议合同的关键责任和战略性条款(基于时间的、总价付款、基于绩效的、奖金/罚款等)。

# 第 6 章
# 步骤五：组织结构和
# 员工编制方案

在第 5 章步骤四中选择并构建了运维模式之后，在本章步骤五中要制定所要求的组织结构，并考虑员工配置水平以及所要求的培训和经验。

一个可持续的运维战略旨在确保具备合格的技术资源和管理资源，以便在负责任的业务实践框架内有效、安全地提供运维服务。通过这种做法，它还寻求加强人力资源，并最终既能改善机构能力和公司治理，也能改善商业环境。

业主可以根据第 5 章步骤四选择的运维模式制定一个员工招聘（recruitment）、员工编制（staffing，或译员工配置）和培训计划。对于一个新的水电设施，招聘、员工编制和培训应该考虑到全国的商业环境和国内劳动力执行水电运维的能力。对于寻求改善绩效的现有水电站群，业主的目标是根据所选择的运维模式，制定一个充分利用内部资源和外部顾问或承包商的计划。

对于所有模式，无论运维是外包还是内部进行，通常都适合构建本地员工的能力和技能。这有助于通过减少对外国员工的依赖来确保运维组织机构的可持续性，并通常会降低劳动力成本。

# 6.1 组 织 结 构

运维活动的组织结构主要依赖于以下两点：一是业主是否负责一个或多个水电现场的运维；二是水电设施类型。

1. 多地运维安排和公司支持（multi - site arrangement and corporate support）

对于一个拥有大量水电设施的公司来说，可持续水电运维的成功在很大程度上取决于该组织在实现公司目标方面的运作情况。组织的成功取决于公司各级员工的素质（技能、知识和经验），取决于人力资源的筛选（selected）、培训和管理。绩效良好（well - run）和绩效低下（poorly performing）的设施管理团队之间的差异在多个层面上是非常显著的。最高的责任在于高管和管理层。在第 2 章步骤一的诊断过程中和通过更详细的运营审计，人们应该识别出其缺陷。

对于一个单一业主和一个水电站设施/水电站设施群而言，其组织结构都是特定的。它将随着水电站设施群的规模和数量、随着水电站现场之间的距离和随着服务社区之间的距离的变化而变化。例如 Ken Gen（是肯尼亚大部分发电业务的上市公司业主）采用了典型的公共部门多设施管理者的运维组织结构，如图 6 - 1 所示。该组织结构还可用于管理彼此相邻的多个电厂的运维功能，例如一条河流的梯级水电设施。图 6 - 1 显示了支持水电运维活动的许多公司职能的集中程度，如人力资源管理、财务、采购、法律、监管、信息与通信技术、安全和运输等。

除了主要的行政职能外，在公司层面上通常向水电站群中的所有设施提供的支持服务包括如下服务类型：

（1）维护工程（maintenance engineering）：该公司职能部门协助现场和水电站群员工设计和监控维护计划，并提供工程服务以解决运维问题。在某些组织中，本小组也可能被指派负责重大维修和基本建设项目的规划、论证（justification）和执行。

（2）绩效监控（performance monitoring）：该公司职能部门负责监控各种水电措施的

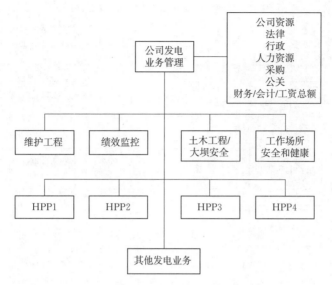

图 6-1 水力发电设施群的集中化的管理服务和支持服务

绩效，包括水电绩效。绩效监测需要水文专业知识，以确保以最有效的方式管理所有水电设施的水资源。

（3）大坝安全和土木工程（dam safety and civil engineering）：此功能通常与其他支持服务分开。它负责大坝安全计划和所有土建结构的正式监测和检查，重点是挡水建筑物（water containment structures）。本小组与每个现场的土建维护员工密切合作。

（4）工作场所安全与健康（workplace safety and health）：本小组负责在公司范围内以始终如一的方式支持现场安全计划和事故调查。

每座水电站现场都有自己的员工编制结构，以提供本地运维服务，该团队的规模和实力取决于有多少服务移交给（devolved）本现场。对于某些现代化设施，如苏格兰南方能源公司（SSE）在苏格兰的公共水电站群，整个运维服务是集中管理的，没有专门为单一设施配置员工。

如果单个项目不仅包括水电机组，还包括许多独立发电商（IPP），则必须为该项目制定整个公司结构。然而，公司职能和行政职能往往与发电设施分开，尤其是在水电站地处偏远地区的情况下。

2. 当地运维组织结构

如图 6-2 所示，需要配备现场运维员工的职能包括如下：

（1）电子电气维护。

（2）机械维护。

（3）控制、保护和通信维护。

（4）土木工程检查和维护。

（5）规划、分析、调度维护（planning，analysis，and scheduling maintenance）。

（6）切换和清除（switching and clearing）。

（7）行政管理和购买/库存清单。

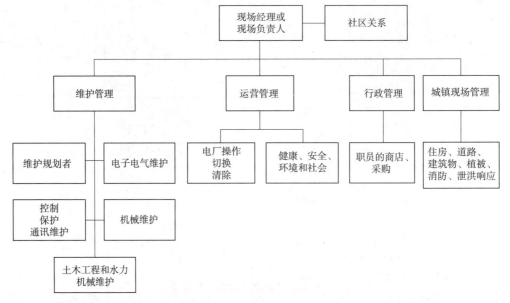

图 6 - 2　水电设施现场的典型组织结构

（8）城镇现场运维和管理（如果必要的话）。

根据水电设施所处的国家和位置，员工编制配置可能涉及或不涉及水电设施的居住权。在某些情况下，公司可能会为运维团队提供住房，但当地临时工除外。安装位置越偏远，员工工作就越困难，操作和维护成本也就越高。

图 6 - 2 中的组织结构是一个垂直整合事业单位中的大型水电站群中所包含的单个水电设施组织结构的代表，本标准适用于大多数发展中国家，即如图 6 - 1 所示的具有国有垄断和集中支持职能。这种组织结构通常将日常现场运维责任委托（entrust）给水电设施员工，这些员工受公司政策、操作程序和规则以及技术参数和行政参数的指导和约束。

单个电厂现场的组织机构和员工编制（staffing）安排取决于 6 个主要因素：

（1）业主经验和/或其服务提供商的经验。一个有经验的业主或一个拥有有经验的服务提供商的业主根据水电设施的特点和安全实践的原则为该水电设施配备员工。

（2）电厂的规模。电厂的规模决定着有足够员工在现场处理强制停机或计划外停机的成本效益影响。对于规模较小的水电设施，较长响应时间造成的发电损失价值可能不足以保证所有规程都在该水电设施中。对于较大的水电设施安装工程，在现场（或在区域内为多个设施提供服务）配备专家的费用可能是合理的。如果是私营特许权持有人、购电协议（PPA）、运营协议或特许权协议的情况下，则可能需要考虑员工编制配置、更长的响应时间和商定的可利用率指标方面的条件。

（3）电厂的寿命和安装技术的年代（远程控制、监控和数据采集、实时状态监控、现代人机界面）。根据最终确定的电厂设计规范或改造升级设计时作决定时，电厂可调整为进行远程操作和监控。如果技术员工出于维护目的在现场执行切换程序和清除程序，则无需当地电厂操作员。工况监测也有助于制定有效的维护计划，增强预测能力。

（4）现场访问（远程）。水电现场的偏远程度影响着业主吸引和留住称职员工（competent staff）的能力，特别是有家庭的年轻员工，他们需要获得良好的教育设施、保健设施和娱乐服务。另一个考虑是，如果现场没有员工需要响应紧急情况或解决计划外停机，则响应时间会增加。如果海关政策不允许入境签证或多次入境签证，可能妨碍着来自于业主、工程顾问或原始设备制造商代表的实时国际援助，从而可能会妨碍进出水电站现场。

（5）中央/公司层面团队和现场团队之间的职责分工。集中化办公职能可能包括公关、合同管理（购电协议 PPA、特许权协议和运营协议）和财务事务，包括能源收费账单和银行会计业务、人力资源管理、购买以及环境合规性、监管合规性和法律合规性。

（6）外包职能。这些职能将取决于运维模式和可调动的外部支持。

无论所有权结构如何，所有利益相关方（包括承包商和服务提供商）都希望在没有带来不可接受的风险时尽可能多地本地化工作。在对当地能力做出任何假设之前，最好（通过第 2 章步骤一中的诊断）充分了解该国的教育和培训质量，并了解其水电运维经历经验的深度和可利用性。糟糕的计划可能导致对运维成本的严重低估，并导致通常可以避免的风险。

附录 C 和附录 D 中提供了传统的职位名称、职位简介及其相关任务和要求。业主可以将这些表用作检查表，以为尚未配备员工的关键职位提供指导或提供工作说明。业主还可以使用它们来更新已经雇用的员工的工作描述。

# 6.2 员 工 编 制

运行水电站设施所需的员工编制数量在很大程度上取决于该设施的规模和数量以及自动化程度，还受该设施的性质和位置以及业主的员工配备方式的影响。每个水电站设施和现场地点都是独立的，如案例研究所示，其所需员工差别很大。

除上述 6 个主要因素外，下列因素也是推动所需员工编制的因素之一：

（1）国民能力（national capabilities）：缺乏当地员工能力意味着需要昂贵的外派员工。

（2）企业能力（corporate capabilities）：业主/操作员工可能不具备高效工作的技能和体系。

（3）劳动力成本（labor costs）：劳动力成本低往往会鼓励更高的员工编制水平，而不是鼓励高效率的运营。

（4）政治环境（politics）：政府经常为提高就业水平而使该设施员工超编。

苏格兰南方能源公司（SSE）拥有和运营的全自动和远程控制的 10 万 kW 格伦多水电站（Glendoe HEP）就是员工配备极低的一个范例，现场没有任何全职员工。该水电设施由技术员组成的巡回小组（roving team）进行检查，他们还负责附近的其他水电设施。其监控和操作由一个集中控制的设施进行，其 80 座水电站拥有的 125 个发电机组由不到 20 名员工操作，他们提供 24h 不间断的覆盖。因此格伦多水电站的运维员工屈指可数（a handful of staff）。

这就与尼日利亚的 1330 MW Kainji 和 Jebba HEP 水电站形成鲜明对比，在私有化之前，该水电站雇用了 450 名管理和运维员工。私有化之后，这一数字减少到 159 名员工。

表 6-1 和本书第 10 章中总结的案例研究说明了运行良好的水电设施的员工编制水平和结构。

表 6-1　　　　　　　　　　　不同水电项目案例研究的员工编制

| 名　称 | 国　家 | 装机容量 | 电厂数量 | 员工数量 |
| --- | --- | --- | --- | --- |
| Statkraft portfolio | 巴西 | 188MW | 6 | 45 |
| Mount Coffee | 利比亚 | 88MW | 1 | 36（18 国内员工＋18 国际员工） |
| Kainji and Jebba | 尼日里亚 | 922MW | 2 | 159 |
| New Bong HEP | 巴基斯坦 | 84MW | 1 | 69 |
| Nalubaale and Kiira | 乌干达 | 380MW | 2 | 120 |
| Salto Grande | 乌拉圭/阿根廷 | 1890MW | 1 | >300 |

从这些案例中可以看出，即使是高效运行的水电设施，员工编制水平也有很大差异。根据这些案例研究，绘制员工人数与装机容量的对比图（图 6-3）表明，一座水电站设施（或水电站群）的规模与设施所需操作员工人数之间存在一定的相关性。

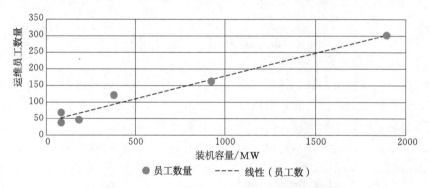

图 6-3　员工数量与装机容量对比的案例研究

然而，人们应该谨慎使用图 6-3 中的曲线，因为它仅基于 6 个案例研究，而且所需员工的数量是由前面讨论的许多其他因素决定的。本文可暂时用作高效运行设施的要求指南，其中大多数服务由现场提供，并且在没有集中团队支持的情况下由本地员工操作电厂。

# 6.3　教　育　和　培　训

1. 培训要求

要使运维可持续，一个运维战略需要持续开发人力资源，以便在运营期间胜任运维职能。需要高质量的中等教育和职业技术学院来培养合格的技术人员（competent technicians），也需要经过认证的大学（accredited universities）来提供专业职位所需的学士学位教育。

印度电力部国家电力培训学院或赞比亚卡福峡谷地区培训中心等组织提供水电设施运维方面的培训。附录 C 和附录 D 为关键运维职位所需的教育和技能提供了建议。表 6-2 阐述了适用于电气工程师和技术员的这些要求。

表 6-2　　　　　　　　北美典型水电设施的技术员和电气工程师的培训要求

| 职位 | 中等教育 | 后中等教育 | 在岗培训 | 额外的现场<br>在职培训 | 资　格 |
|---|---|---|---|---|---|
| 电气或机械<br>工程师 | 合格的数学、物理和英语等 12 年级入学成绩 | 4 年大学本科学士学位，电子电气工程或机械工程专业 | 三年的工程师培训 | | 七年后获得专业工程师资格 |
| 电气或机械<br>技术员 | 合格的数学、物理和英语等 12 年级入学成绩 | 2 年机电技术大专文凭 | 四年的电气或机械技术员的实践和学术培训计划 | 在一年的培训中被限制为技术员 | 七年后合格技术员资格 |

发展中国家通常的做法是认为技术员或工程师在完成其培训的学术部分（文凭或学位，diploma or degree）后即具备资格。

在大多数国家，毕业后没有正式的实践培训要求。编制人员配备计划需要：①密切审查该国的教育质量；②进行适当调整，确保为教育和培训分配足够的时间和业务经费；③在培训期间引进人才的额外费用应列入预算。

2. 水电专业培训

对于新的水电开发项目，人们应在施工开始之前就制定培训计划，并在施工阶段开始实施，或至少在调试投产开始（commissioning starts）前一年或两年开始实施。向水电站群中添加新电厂时使用的一种常见模式是在现有组织机构中选择具有适当资格证书的员工，并确保他们参加由原始设备制造商（OEM）执行的培训计划，并参与他们最终要操作和维护的电厂的安装和调试。此外，业主或项目实施单位应在整个项目设计和施工阶段聘请当地工程师进行培训。这类培训通常适用于运行良好的水电设施，这些设施的员工具备充分利用实践培训所需的技能。对于绩效较差的水电设施来说，这更具挑战性。

业主在编制人力资源计划（包括人员配备和培训计划）时，应考虑如下因素：

（1）可利用的教育机会。

（2）可利用的中等教育和后中等教育员工的质量。

（3）该国教育机构的质量。

（4）教育文件的真实性（the authenticity of educational documentation）。

（5）该国内现有其他水电设施及其运维绩效。

（6）新招募员工的经验及其该经验与水电运维相关任务的相关性。

（7）水电设施业主和/或服务提供商的经验。

业主与大学、其他发电站（专栏 1）和专业培训机构合作也可以是寻找和培训员工战略的一部分。国际平台，如国际水电中心（International Center for Hydropower，ICH）

提供的一个平台，也可以建立和加强其能力❶。

---

**专栏 1：水电设施伙伴关系的范例**

在投产调试前一年，莱索托 76 MW 的 Muela 水力发电厂的员工在爱尔兰的一个 ESBI 水力发电厂接受了手把手的实践培训（hands-on training）。在投产调试和制造商培训之后，来自马尼托巴水电国际公司（Manitoba Hydro International）的一名运行管理专家又为他们提供了 5 年的操作支持。

---

# 6.4　本　章　小　结

本章是实施运维战略所需的组织机构和员工结构（包括职位和组织结构图）。第 7 章步骤六使用员工人数、员工等级、员工资格和属地状态（外籍或本地）来编制运维工资预算。

---

❶　http：//www.ich.no/detalj/courses/3579

# 第 7 章
# 步骤六：估算财务成本

第 7 章步骤六：*界定了估算运维成本的程序。对于现有水电设施而言，这种成本估算为分配足够的预算提供了依据，以确保水电设施能够按照良好行业实践加以运行。对于新水电项目，这些估算也为决定项目的可行性所进行的经济分析和财务分析提供了输入。*

# 7.1　影响运维成本的因素

水电设施的运维成本通常有两种处理方法：

（1）**运营支出（operating expenditure，OPEX）**，覆盖所有与该水电设施及其附属基础设施相关的、正常的管理、运行和维护的日常运营成本。

（2）**基建资本支出（capital expenditure，CAPEX）**，覆盖诸如大修（major refurbishing）、全面检修（overhaul）、升级（upgrades）和更换（replacements）等一次性活动。

处于校验运维策略的目的，其成本通常以美元计价估算。但是人们也可以使用当地货币或其他国际货币，与第 3 章步骤二中用于估算收益的货币相匹配。

水电设施的运维成本因如下因素而有相当大的差异：

（1）**水电设施的性质**：具有多台机组（multiple units）、大量的土建工程和广泛附属基础设施的复杂水电设施比小型简单的水电设施（simple and compact facilities）运行成本更高。

（2）**寿命**：具有手动控制的、模拟系统的和过时设备的老旧水电设施，比具有现代的、全自动的、远程操作的数字化电厂运行成本更高。

（3）**工况（condition）**：要求持续关注的、工况差并经常发生故障的水电设施，比工况好的水电设施运行成本更高。工况差的设施很可能需要重大的基建资本投资项目。

（4）**地理位置**：偏远地区的水电设施，尤其是需要为运维人员提供住宿、公用设施和其他设施的水电设施，其成本高于处于城镇地区的水电设施。

（5）**所在国家**：鉴于员工成本构成运营支出的重要部分，该国的劳动力成本和可利用技能水平对运维成本有重大影响，尤其是在当地员工缺乏技能意味着需要外籍人员的情况下。其他某些投入成本（车辆、燃料等）也因国家而异。

（6）**监管领域（regulatory regime）**：许可证、执照、注册、租金和其他行政支出等成本因水电设施和因国别不同而有所变化。

（7）**业主的员工编制方法（owner's approach to staffing）**：许多传统的公共事业机构比运营更精简的商业机构拥有更多的人力资源。

# 7.2　估算运营支出的预算

运营支出预算的编制通常用于估计每年的运营成本。既然成本反映的是日常运营，而日常运营在水电设施的整个寿命周期内是连续的，因此这些成本通常被处理成电厂整个寿命期内的一个恒定值，尽管通常会考虑通货膨胀折扣（allowance for inflation）。

很少有运维成本构成取决于水电设施的运行时间或能源输出。除备件和润滑油（lubricants）外，运维成本主要是固定成本。因此就本评估而言，无需将运营成本分为固定（每年）和可变（每兆瓦时）两部分。

对于现有水电站群，运维的历史成本可以为成本估算提供良好的基础，在适当的情况下，增加新运维策略中引入的部分成本。

一个运营支出预算的主要组成部分可分类如下：

**1. 总部成本、行政成本和工程成本**

总部（head office）成本包括经营业务的所有行政成本，如管理和支持人员、办公用房（office premises）和设备、执照、许可证和其他监管成本、租金、房产税、水电费（utility bills）、会计、审计和法律费用，包括管理合同的成本和与售电有关的其他成本。尽管与大型项目相关的研究和设计费用通常包括在基建资本支出预算中，但是人们应该为咨询服务编列经费。总部员工的招聘和培训费用也应包括在内。下文将更详细地说明员工成本（staff cost）的组成部分。

公用事业和水电站群运营商能够将总部成本分摊到其水电站群资产中，而单个水电站业主则必须将所有这些成本归因于单个水电设施。

**2. 电站和控制室的员工**

参与该水电站设施日常运营的所有员工，包括控制室、变电站（substation）、输电线路（transmission interconnector）和所有相关基础设施（员工住宿营地除外），均包含在本成本构成部分中。员工成本应包括直接工资成本（salary cost）、奖金（bonus）和奖励（incentive payment）、管理费用（overheads，或译办公费）、社会费用（social charges）和任何津贴（allowances）。往返现场的交通费用应包括在内，还应包括与外派人员及其远程旅行的其他费用。员工成本应该增加招聘成本、培训成本、休假（leave）成本和其他间接费用。

在编制员工预算时，通常确定关键员工和管理人员的职位，并根据所要求的经验和资格估计其工资成本。附录 C 中的职位名称、岗位描述和要求将有助于这种实务。

员工数量应包括办公室支持员工和行政员工、司机、保安（security guards）、清洁工和辅助工（cleaners and laborers）。车辆维修技术员、商店职员和医务人员（在发电站，但不在营地诊所）都属于这一类。

运维人员的成本构成了运营支出预算中非常重要的一部分。虽然此成本因设施而异，但可能占总运营支出成本的高达 50%。

**3. 计划的维护和检查成本**

根据公司的会计政策（accounting policy），计划的维护工作可能包含在运营支出或基建资本支出预算中。

计划的维护和检查可能包括但不限于如下方面：

（1）电厂发电设备修理（土木、电气和机械）。

（2）电网互联修理（grid interconnection）。

（3）大坝修理（土木、电气、机械）。

（4）交通道路/桥梁修理。

（5）电厂建筑物修理。

（6）定期检查（scheduled inspections，土木、电气和机械）。

（7）取决于生产和运行时间的其他杂项，如消耗品、机油、润滑剂和备件等。

计划的维护和检查费用每年都会有所不同，并且可能具有周期性模式。因此，5 年预算或长期预算应有助于涵盖这种周期性模式。对于一个新水电设施的预算，该设施寿命期间的平均成本可能足够了，因为它将涵盖这些成本的年度变化。

4．设备和车辆的成本

运营成本预算中包含的运维设备成本包括如下：

（1）大修和设备测试。

（2）手工工具（hand tools）。

（3）办公室设备（计算机、打印机、电信、便携式设备、家具等）。

（4）个人安全设备，包括收音机、卫星电话和通风设备。

（5）车间设备（压缩机、焊接设备等）。

这种设备的费用需要纳入的科目（provision）适用于消耗品和任何服务费（例如移动电话或卫星电话）。

适用于运维的运营和维护车辆的成本也应编入预算。运维的车辆通常包括个人运输车辆（典型的四轮驱动多用途车）、公共汽车、卡车、拖拉机、拖车（trailers）、加油车（bowsers）和移动式起重机。这些车辆的运营支出成本将包括租赁成本，或者购买成本、维护、燃料、许可证和保险等科目的摊销（amortization）。

5．保险（insurance）成本

保险成本依赖于投保价值、设施性质、位置、运维质量与策略和购买保险产品的变化而变化（见第 5.5 节）。

6．公共设施（utilities）成本

公用设施的成本是指由外部组织提供水、污水和电信服务等方面的成本。它还可能包括设施不发电时从电网购买电量的成本，或在从电网供应而不是在出口电表前分接的位置购买电量的成本。

7．环境成本和社会成本

环境责任或社会责任的任何费用，如监测、流域管理、生计恢复或移民村庄的维护等，都需要纳入预算。这些成本针对单个水电设施，都需要基于环境影响评估和社会影响评估（ESIA）和其他研究的结果进行定制核算（bespoke estimate）。

8．运维营地

与提供住宿有关的费用可能从零费用（如果附近有足够的住宿）到偏远地区非常可观的费用不等。除房屋费用外，费用可能还包括提供水、排水和下水道、安全、教育、医疗和休闲设施，以及运营一个营地小村庄所需的其他设施和服务。

正如与发电站一样，运维营地的成本需要包括员工、车辆、设备和消耗品的费用科目。

9．不可预见费用（Contingencies）

在运营支出预算概算中包含不可预见费用是正常的。不可预见费用的水平取决于估算所处的阶段：在可行性研究期间 10％～20％ 的不可预见费用是常见的；但是在运营期间，一旦成本更加确定，5％～10％ 可能就足够了。然而需要小心避免双重核算。如果在编制概算时采用保守的方法，则不应包括大量的不可预见费用。

10．运营支出模板

估算年度运营支出预算的模板见附录 G。该模板仅用于阐述的目的。所提供的数字是概念性的，并非基于任何真实的项目。运营支出预算的粒度（granularity）和预算说明将因公司政策而异，但模板中给出的细节足以用于制定一个运维战略。

如前所述，不同项目的实际成本差异甚大，并因人员编制数量、设备和其他费用而异，这些主要取决于该项目的规模、位置、寿命和其他特点。

# 7.3 估算基建资本支出

基建资本支出的预算值得特别的关注和详细的规划（至少对大型设备而言），因为它通常占运维预算的最大份额。它包括由于大修、修复、升级和修理而产生的非常规支出。它通常以投资进度表的形式展示，成本以发生的年份列示。对于独立发电商来说，通常建立一个主要的维护账户，以创建一个可根据需要提取的资金。这笔基金的自然累计经常根据新建项目的设想财务结构进行调整，随着利息支付的下降则该基金数量将不断增加，从而导致投资情况随着时间的推移而增加。

无论是作为沉淀基金（sinking fund）还是基于年内成本的时间表，基建资本支出的投资计划都需要为可能发生的成本提供充足的准备金（provision）。这些费用不仅包括设备采购和施工/维修合同，还包括研究、工程、法律服务和监管服务、环境措施和社会措施等方面的任何费用。

基建资本支出的预算还应包括支持运维职能所必需的较小资本项目，这些项目不包括在运营支出的预算中。这些费用可能包括重型设备（起重机、推土机、挖掘机铲车和其他土方设备）、新建筑物、住房或租赁修缮、新的大型工具、机械和设备、新的（不是更换的）大型备件和更换小型操作设备等。这些预算项目根据通常获得数量和成本信息进行简单地估算即可。某些公司政策将其中许多项目纳入运营支出预算，其依据是这些采购将被分散并可由预算中的摊销补助来涵盖。其他公司则在基建资本支出的预算内作出规定科目，以确保在购买这些大型科目项目的当年有足够的财务准备金。

估算基建资本支出有如下两种基本情景：

（1）新建水电项目，成本基于大型部件的预期寿命。

（2）现有水电设施，基建资本投资计划基于现有电厂的工况和初步诊断（步骤一）中确定需要的工程。

由于该估计的目的是验证运维战略，因此可以采用高级别方法。这将在以后通过详细的可行性研究予以确认。

1. 新建水电项目的基建资本支出的估算

一座水力发电设施的各个部件在经过不同的使用期后，估计将达到其使用寿命的终点，见表 7-1。

表 7-1 电厂的部件和系统的平均寿命

| 电厂部件和系统 | 期望寿命/年 |
| --- | --- |
| 压力管道、闸门、叠梁、拦污栅 | 50～100 |
| 主要发电设备：除转轮以外的涡轮设备、发电机、电机、调速器、励磁系统和主进水阀 | 30～40 |

续表

| 电厂部件和系统 | 期望寿命/年 |
|---|---|
| 水轮机转轮 | 可变化 |
| 轴流式水轮机 | 30～60 |
| 冲击式水轮机 | 40～70 |
| 混流式水轮机 | 25～40 |
| 电力变压器 | 40 |
| 高压开关设备和变电设备 | 40 |
| 中压开关设备 | 30 |
| 低压开关设备 | 30 |
| 电厂辅助机械设备和电气设备（排水泵和脱水泵、冷却系统、压缩空气系统、通风和空调系统、交直流电源、应急柴油发电机等） | 30 |
| 密封件、衬套、小紧固件、小阀门、滤水器 | 15～20 |
| 电子设备和卡/控制器、控制和保护系统、远程控制、SCADA、通信设备、量测设备 | 20，15，或更少 |
| 涂漆表面 | 3～5 |

对于新建水电项目，假设这些部件在其使用寿命结束或接近结束时需要大修或更换。基建资本支出的投资预算是基于更换或翻新的可能成本。这可以基于原始成本或根据通货膨胀调整的组成部分，但原始成本的百分比因组成部分而异。电子设备（electronic equipment）的预算通常是 100% 的成本，因为它很可能被更新的设备全部取代。土建工程、重型机械和液压机械设备的预算可能为原始成本的 25%，其他科目介于两者之间，这取决于其原始部件有多少可能被重复使用。

对于有多台机组的水电站，预算通常是每年对一台机组进行大修。这使得成本可以错开，也是低流量季节的最佳利用，使其以最小的能量损失进行工作。

图 7-1 显示了为加拿大的一座 35MW 低水头水电站设计的 100 年基建基本支出计划，该水电站于 2016 年投产使用，初始投资为 1.5 亿加元，该水电项目设计寿命为 50 年。该基建资本支出计划的前 50 年预算为 4400 万加元（约占初始投资成本的 29%），这些资金的大部分将在项目寿命结束时用于后 50 年的大修。值得注意的是，它约占该项目总投资的 1/3（这通常是水电项目的机电设备成本，其他 2/3 是土建工程）。

2. 现有水电设施的基建资本支出的估算

对于现有水电设施，基建资本支出计划将基于第 2 章步骤一中进行的工况评估。考虑到业主的财务能力，工程将优先考虑快速提供效益的活动。在理想情况下，应进行基于成本效益分析的全面可行性研究，以确定和优化基建资本支出计划。这不太可能在选择运维策略时进行，但至少应在这一阶段进行初步研究。它至少应包括一个基于假定的更新或更换过期设备时间表的高水平成本估算，并使用各设备估计新成本的百分比。

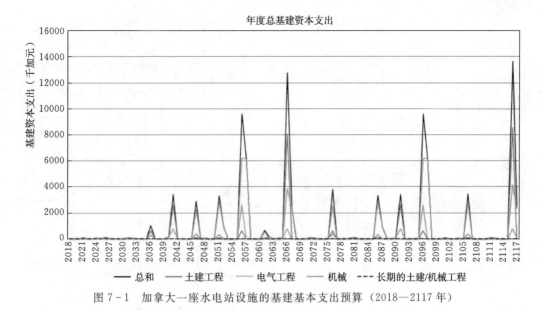

图 7-1 加拿大一座水电站设施的基建基本支出预算（2018—2117 年）

# 7.4 对 标 基 准

**1. 运营支出预算的对标基准**

对标基准虽然可能是一个有用的工具，但它应该谨慎使用，对标数据应该是不同背景的。水电运营成本的基准信息非常有限，可用信息已注明日期。国际可再生能源局（IRENA，2012）将运营支出的基准定为 1%～4% 的建设成本（大型水电设施为 2%～2.5%，小型设施为 1%～6%）。咨询公司通常使用 1.5%～2% 作为中型水电设施运营商的平均收益。

图 7-2 和图 7-3 显示了大型和小型水电设施的总施工成本（美元/kW）。运营支出可以通过将国际可再生能源局百分比应用于这些建设成本来估算。根据国际可再生能源局资料，基于非洲一座中型水电站的初始资本成本估计为 2500 美元/kW，一座 50MW 水电站的建设成本估计为 1.25 亿美元，其年运营支出估计为 125 万～500 万美元。

2003 年，爱达荷州国家工程和环境实验室（INEEL）根据美国 2155 个水电站的数据库开发了成本估算公式（Hall、Hunt 和 Carroll，2003）。其运营支出公式如下：

运营成本（$OPEX$，2002 年美元价）＝固定成本（$A * [$装机容量（MW）$]B$）＋可变成本（$C * [$装机容量（MW）$]D$），其中 $A=24000$，$B=0.75$，$C=24000$，$D=0.80$。

基于 2002 年至本年度的通货膨胀率，所需的结果将会增加。

根据上述爱达荷州国家工程和环境实验室的公式，一个 50MW 的水电站预计 2018 年的运营支出约为 150 万美元。根据国际可再生能源局的对标基准方法，这个数字处于其范围的下限。国际可再生能源局似乎在其估算中包含了重大维护和更新成本，这就解释了爱达荷州国家工程和环境实验室和国际可再生能源局对标基准方法之间的差异。因此，建议使用国际可再生能源局的基准方法，或咨询公司使用的基建资本成本的 1.5%～2%，来对标基准运营支出费用。

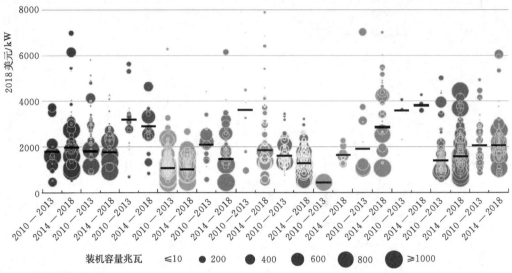

资料来源:@IRENA,2019。

注:本图中的大型水电站项目的装机容量均大于 10MW。

图 7 - 2　不同国家/地区的大型水电站的成本范围和平均装机容量权重（2010—2018 年）

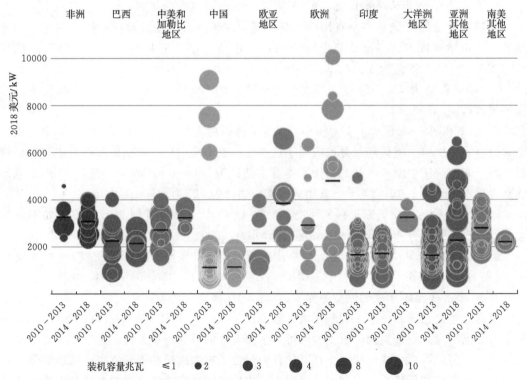

资料来源:@IRENA,2019。

注:本图中的小型水电站项目的装机容量均小于等于 10MW。

图 7 - 3　不同国家/地区的小型水电站的成本范围和平均装机容量权重（2010—2018 年）

在本书最后一章的案例研究中进行了详细说明，并在附录 H 中进行了简要说明，阐述的预算范围从不到基建资本支出投资价值的 0.5% 到约 1.5%。这表明，运维成本取决于每个水电设施的具体情况，包括其位置和是否有适当技能的当地人员为该设施配备人员。使用基建资本支出百分比（或重建成本）有其局限性，特别是在当地情况或设施性质导致基建资本支出极高或极低的情况下。案例研究 2 咖啡山（Mount Coffee）就说明了这一点，在该案例中每兆瓦的重建成本几乎是其他新水电项目的预期成本的两倍。然而当地劳动力缺乏技能等同样的因素也导致了更高的运维成本。

运维成本对标基准的另一个指标是考虑每千瓦/年的成本和每千瓦时的发电成本。案例研究的这些指标见表 7-2。本书附录 H 还对案例研究进行了总结，并在第 10 章中进行了更详细的介绍。

表 7-2　　　　水电设施案例研究中的单位装机容量和发电能力的运维成本

| 案例序号 | 资产名称 | 装机容量/MW | 发电量/[（GW·h）/年] | 运维成本/（百万美元/年） | 运维成本/[千美元/（MW·年）] | 运维成本/[美元/（MW·h）] |
|---|---|---|---|---|---|---|
| CS1 | 巴西 | 188 | 959 | 5.80 | 32.22 | 6 |
| CS2 | 利比亚 | 88 | 159 | 5.00 | 56.82 | 30 |
| CS3 | 尼日利亚 | 1338 | 5500 | 1.40 | 1.05 | 0.3 |
| CS4 | 巴基斯坦 | 84 | 470 | 2.75 | 32.74 | 5.9 |
| CS5 | 乌干达 | 380 | 1424 | 7.00 | 18.42 | 4.9 |
| CS6 | 乌拉圭/阿根廷 | 1890 | 8542 | 16.90 | 8.94 | 2.0 |

表 7-2 说明了运维成本比较的某些困难。各公司有自己的方法将成本分配到基建资本支出和运营支出，在某些情况下，集中化的服务和保险的成本不包括在内。例如对于 Kainji 和 Jebba（CS3），不太可能将全部运维成本包含在展示的成本之中。

国际可再生能源局（IRENA）或咨询公司的基建资本成本 1.5%～2% 的典型基准方法可在预可研阶段使用，但对于更详细的评估则应采用 7-2 节中所述的"自下而上"方法。

**2. 基建资本支出预算的对标基准**

在运行阶段，没有可靠的基准信息可用于重建、大修或修复的水电资本成本，因为这些成本取决于许多影响因子。对于新水电设施，重要的是在项目融资之前制定适当的运营阶段基建资本支出计划，这样形式预算（proforma budget）涵盖了根据设备预期寿命进行未来修复和更换的成本。通常业主将制定长期基建资本支出预算和长期运营支出预算，并将其用于财务模型，供融资和发电收费讨论。

在缺乏可行性研究的情况下，基建资本支出估计应以组成部分成本的百分比为基础。例如在全面整修中，100% 的控制、保护和 SCADA 设备和 30% 的涡轮发电机组可能被更换，但对大坝和土建工程的支出可能仅为其原始成本的 10%～15%。作为一项检查，一个大修计划可能花费大约 25% 的原始总建设成本（并随着通货膨胀攀升）。这样一个计划可能会持续数年，而且可能会在发电开始后的 25～30 年内启动。

## 7.5　外包的影响（模式 2 和模式 3）

关于外包模式（模式 2 和模式 3）的预算提供指导的信息很少。然而通过分析外包合同所涉服务的成本细目（breakdown）可以得出一些指导性意见。

承担运维合同的成本包括如下内容：

（1）劳动力、设备和开销的成本：这与业主产生的成本本质相同，尽管私人承包商可能使用较小的团队。

（2）行政管理费用和办公费用（administration and overheads）：同样这与业主产生的费用类似，尽管业主或水电站群运营商可以利用跨水电设施分摊成本的规模经济优势。

（3）风险成本：这取决于分配给运维承包商的风险水平。模型 2 中的风险可能低于模型 3 中的风险。在这两种情况下，风险将取决于其合同的罚款和奖金结构。在一个框架不佳的合同中，风险成本可能超过其他硬成本。

（4）投资成本的回收：这一数额将取决于承包商需要投资多少，并取决于支付条款下的现金流。如果承包商的收入与其支出不相称，他们会收取高额的保险费。

（5）利润：运营商预期的合理利润为合同价值的 10％～20％。

考虑到这些因素，如果外包成本在内部提供服务成本的 150％到 200％范围内，则应该可以制定合同条款。虽然这似乎是一个很高的代价，但额外的成本可以很容易地通过增加收入和减少停机来回收。增加的不可预见成本很大程度上取决于收入的显著提升，因此外包运维可以自行支付相关成本。

## 7.6　本　章　小　结

运营成本和基建资本支出的成本估算是否根据拟议的运维战略进行规划？这些成本时间表将用于成本效益分析，以校验该战略，并检查拟议的战略是否是可持续的和可盈利的。

# 第 8 章
# 步骤七：战略的校验
# 和融资

在第 8 章步骤七中，对提出的运维战略进行了分析和校验。校验（validation）的主要方法是经济学的成本–效益分析，并使用第 7 章步骤六中得出的估算成本和第 3 章步骤二中的预期经济效益。如果成本–效益分析未达到令人满意的最低回报率（satisfactory hurdle rate），则建议将重复循环（iterative loop）回第 3 章步骤二，并重复该过程，直到达到令人满意的平衡效益或边际效益。这一步骤还包括检查是否有足够的资金。

## 8.1 成本–效益分析

为了验证运维战略，人们应该进行经济学上的成本–效益分析，以确保战略产生的效益超过实施战略的成本。

无论是成本还是收益，获取实施战略的增量价值（incremental value）是非常重要的。在成本案例中人们应该使用增量成本（对现有设施则要超过维持现状案例）。在效益案例中人们应该使用与该战略实施相关的效益涨幅（uplift）。如果边际计算不可行，将检查整个公用设施商业模式的平衡/财务平衡。

运维战略的校验需要一个基于电子表格的简单模型。计算其成本流（负值）和效益流（正值）的净现值（net present value，NPV）。如果净现值为正，则表明效益流的时间加权值超过成本流的时间加权值，因此投资产生正收益。

同样的模型可以用来表示投资的效益/成本比率，如果大于 1，则表示投资的正收益。

在选择贴现率（discount rate）时需要小心。使用高贴现率会迅速降低未来效益的价值，并往往使资本投资看起来无利可图（unprofitable）。然而如果使用非理性的低贴现率，则会显示出投资是有盈利的，而实际上资本的成本使投资变得不合算（uneconomic）。

推荐的贴现率为 6%～8%，其成本和收益不变。这种方法应该反映大量业主的加权平均资本成本（weighted average cost of capital，WACC）。灵敏度分析可以围绕这个数字进行以评估这种分析是否稳健（robust）。

如果成本–效益分析无法验证拟议的运维战略，则应从第 2 章步骤一开始，考察备选方案，以确保选择一个提供正效益的稳健战略。

私营部门业主也可以进行财务分析，评估在实施与不实施运维战略的情况下运营水电设施的成本，同时考虑融资成本和预期收入流。用于证明投资合理性的财务指标因公司而异，但如果采用财务分析，期望的运维战略与维持现状的模式相比，其财务回报将显示有所提高。

## 8.2 财务评估/融资评估

为了确定拟议战略的财务可行性（financial viability），应将第 7 章步骤六中估算的成本插入该设施的财务业务模型中，以检查在要求的时间内是否有可用的财务资源为拟议战略提供资金。

如果事实证明该案例并非如此，则可能需要在整个结构内就预算分配/优先次序进行讨论，并可能不得不探讨各种筹资办法以平衡财务模式。在其他选择之中，这类选择可包括动用该部门的补贴或贷款，以弥补投资回报与支出之间的差额。

如果此类分析表明电价水平或电价结构是未能平衡该商业模型的根本原因，则应向负责制定电价的机构进行沟通和陈述，使其电价水平达到水电机组能够可持续运行和维护。

为了减轻业主资产负债表和财务模型上大型基建资本支出的负担，这些活动也可以使其外部化，并作为单独的项目提供资金（在当地或国际资金的支持下）。来自地方私人银行的债务融资（debt financing）也可在开发银行或其他开发机构的担保支持下使用。

托管账户（escrow accounts）通常用于抵押大型承购商的收入，以确保其收入可用于运维，或覆盖模式 1 的业主运营支出成本，或为模式 2 和模式 3 提供支付担保。

最后，为了支持充足的资金分配和预算分配，可能需要向决策者介绍运维不当做法的潜在成本和影响，正如导言所述。

## 8.3 战 略 的 校 验

在本过程的这一点上，应将以前所有步骤的主要产出汇集在一份综合报告中，该报告将记录关键的分析和成果包括如下内容：

（1）现有状态的诊断。

（2）未来形势的战略目标。

（3）达到这些目标的活动选择。

（4）选择能够有效实施这些活动的运维模式。

（5）员工编制要求和能力建设要求的识别。

（6）实施该战略的成本估算。

（7）融资和成本-效益分析。

然后需要进行磋商（consultations）以告知所有利益相关方并获得其认可入股（buy-in）。发布报告的目的可能是征求内部利益相关方和管理者的反馈和意见，这样他们可验证其调查结果的合理性。在有要求或有相关情况时，人们还将进行外部协商。

该战略一旦得到验证，就可以准备有针对性的沟通文件，在业主的组织机构和其他利益相关方中传播关键信息。

## 8.4 本 章 小 结

本章是运维战略的输入核实和验证，其中包括成本-效益分析和识别所需投资的资金来源。

# 第 9 章
# 步骤八：战略的实施

在第 8 章步骤七中校验了运维战略之后，本章步骤八提供了战略实施的指南。本指南涵盖详细的运营计划、合同、协议、财务机制和监测程序。

## 9.1　支持性的合同和协议

运维战略一旦获得批准，业主就利用内部资源和适当的协议和合同安排来加以实施。

如果是一个独立发电商（IPP），运维合同中的条款和条件需要反映业主在其特许权协议和购电协议下的责任义务。如果是一个公用事业公司，则需要反映电力监管机构的要求。

运维承包商的一个关键问题是其服务的付款安全保障。发展中国家的许多公共事业机构信用评级很差。为了提供付款安全保障（security of payment），可能需要部分风险担保等担保机制（guarantee mechanisms）。

托管账户为运维合同提供了一种特别有效的付款安全保障机制。一年期滚动的托管账户可由该水电设施的收入提供资金。如果业主未能维持该账户，则运维承包商有一年的资金运作期，在此期间可以补充账户。如果该托管账户未能补充（replenished），承包商可以退场（demobilize）。

承保业主付款责任的其他方法见表 9-1。

表 9-1　　　　　　　　依法制定运维战略实施框架的合同安排

| 安　排　内　容 | 特许权持有人<br>/私营运营商 | 半国有公共<br>事业机构 |
|---|:---:|:---:|
| 特许权协议和购电协议 | √ | |
| 部分风险担保 | √ | √ |
| 主权担保 | √ | |
| 关于上游/下游水资源管理管辖权、环境问题和项目开发<br>产生的社会责任等方面的责任分配 | √ | √ |
| 岗位本地化的就业和培训要求 | √ | √ |
| 招聘和培训计划 | √ | √ |

## 9.2　年度运营计划（包括 5 年的基建资本计划）

运维战略一经制定，并且要实施的合同条款也已完成，那么业主将需要着手编制详细的年度运营计划（annual operating plan），该计划将描述如何实施该战略。年度计划将描述每天、每周、每月、每季度和每年进行的运营活动。随后的运营计划还将包括实施该运维战略所要求的活动（内部活动、咨询、培训等）。长期计划将涵盖随后数年的活动。预计这些计划应每年滚动更新。

为了制定一个适合电网要求的计划，需要与电力系统运营商、承购商（off-taker）和可能的监管机构进行磋商，以便将维护停机时间定到最小，并与其他发电商进行协调。

这方面的交流要求通常在特许协议、购电协议（PPA）或电网规范中加以规定。

除了年度运维计划之外，人们还需要一个资本工程计划来安排非常规的资本投资活动。这项计划通常涵盖一个 5 年周期，并列出该周期的活动和支出。一项更详细的一年期资本计划将列出下一年每天要开展的活动，并将纳入上述年度经营计划。

该运营计划用于传递该组织未来数年的目标、实现这些目标所需的行动以及在此规划过程中要制定的所有其他关键要素。该年度规划过程遵循与第 2 章步骤一～第 7 章步骤六中所述方法相似的方法。

图 9-1 提供了一个年度规划过程的示例。

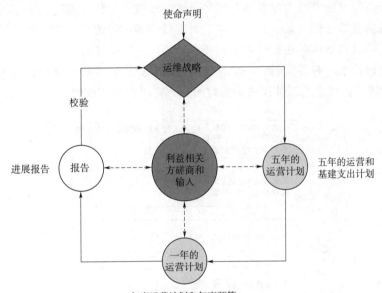

图 9-1　实施运维战略的典型年度规划过程

资料来源：改编自 ICANN. org（2015）。https：//www. icann. org/resources/pages/operating - plan - budget - 2015 - 06 - 12 - en。

该运营计划是一种管理工具，有助于协调本组织机构的资源（人力资源、财务资源和物资），以便实现其战略中的目的和目标（Isaac，n. d）。

表 9-2 描述了运维战略和运营计划之间的差异。

表 9-2　　　　　　　　　　运维战略和运营计划之间的差异

| 运　维　战　略 | 运　营　计　划 |
| --- | --- |
| 运维管理的通用指南和战略指南 | 为执行战略计划而使用组织资源的具体计划 |
| 建议为实现组织目标而采用的策略 | 详细说明为实施战略而开展的具体活动和事件 |
| 执行组织使命的长期（3～5 年，甚至更长）计划 | 该组织的日常管理计划（1 年时间框架） |
| 使管理层能够制定运营计划 | 制定经营计划时，不能不参照战略计划 |
| 战略计划一经制定，往往不会每年发生重大变化 | 根据运维环境变化，运营计划每年可能会有很大差异 |
| 制定战略计划是一项共同责任，涉及不同类别的利益相关方 | 每年的经营计划由本组织管理层编制并加以批准，用以指导本经营年度的活动 |

资料来源：Isaac（n. d. ）。

该运营计划显示：

（1）是什么（what）：必须执行的战略和任务。

（2）是谁（who）：对每项战略和任务负有责任的人。

（3）何时（when）：必须完成战略和任务的时间表。

（4）多少（how much）：完成每一项战略和任务需要的财务资源。

运营计划是编制年度运维预算的第一步和最后一步。作为第一步，它提供了一个资源分配计划；作为最后一步，它可以进行调整以反映在预算编制过程中所作出的政策决定或财务变化。

运营计划是由参与运维的所有实体提供的信息编制而成的。根据组织结构的不同，运营计划的业务范围可以限制为查看单个或多个水电设施。运营计划适用于运维的内部管理和外包运维或两者的任何组合。如果外包重大责任，签约运营商应将这些意见传递并分享给业主，以获得反馈信息（如果合同中有要求，还应进行验证）。

为了实施该计划，有必要制定一个详细的运维预算。典型的运维预算流程始于年底前3～4个月。图 9-2 显示了该过程的典型时间表，样本财政年度始于 1 月 1 日。

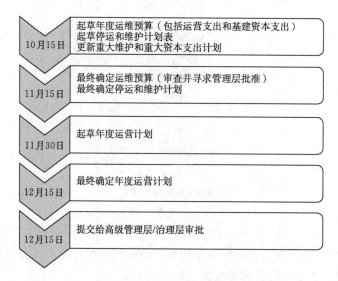

图 9-2 样本财政年度运营计划的时间表

## 9.3 监测战略的执行情况

最后一步是建立持续收集数据的机制，以便向管理层通报在实现运维战略和运营计划目标方面取得的进展。这通常是通过测量和监测关键绩效指标（KPI）以及编制月度报告和季度报告来实现的。通过对报告的关键绩效指标进行分析，可以对运维战略的成功与否做出决策，以便进行持续调整。

许多关键绩效指标只有在若干年的记录可用时才有意义。因此运营商成功的初步评估将需要基于运营商的方法和方式，并且运营商在履行其运维合同义务方面的绩效评估。对于后者，当关键绩效指标基于足够长的记录时，可以将其与战略中的目标和行业规范进行比较。

# 9.4 本章小结

　　本章包括实施运维战略所需的文献。这些文献包括支持性的合同和协议、5年期资本计划、年度运营计划和监测计划，包括将计量并纳入定期报告的关键绩效指标（KPI）。

第 10 章
水电站运维战略与
实施—案例研究

# 致　谢

本章是由世界银行（WB）在国际水电协会（IHA）案例研究的支持下编撰完成的。世界银行团队由皮埃尔·洛里卢（Pierre Lorillou）领导，包括朱丽叶·贝斯纳德（Juliette Besnard）、巴巴尔·汗（Babar Khan）、麦克·威廉姆斯（Mike McWilliams）、奈杰尔·威尔斯（Nigel Wills）、让·诺埃尔·卡瓦莱罗（Jean Noël Cavallero）、卢西亚诺·卡纳莱（Luciano Canale）、尼古拉斯·桑斯（Nicolas Sans）、露丝·蒂弗·索托马约尔（Ruth Tiffer Sotomayor）、伊恩·门齐斯（Ian Menzies）和费利佩·维森特·拉扎罗（Felipe Vicente Lazaro）。国际水电协会团队由理查德·泰勒（Richard Taylor）领导，包括威廉·格林（William Girling）、大卫·塞缪尔（David Samuel）、玛丽亚·乌比尔纳（María Ubierna）、阿米娜·卡迪尔扎诺娃（Amina Kadyrzhanova）和克莱尔·纳卡布戈（Claire Nakabugo）。

本章极大地得益于世界银行能源和采掘全球业务部门成员的战略指导，包括里卡尔多·普利蒂（Riccardo Puliti，全球和区域主任）、卢西奥·莫纳里（Lucio Monari，区域主任）、查尔斯·科米尔（Charles Cormier，业务经理）、阿希什·卡纳（Ashish Khanna，业务经理）、乔尔·科尔克（Joel Kolker，全球水安全与卫生伙伴关系（GWSP）项目经理）。

我们衷心感谢以下世界银行同事和顾问（按字母顺序排列），他们对本章提出了精辟的意见和指导：佩德罗·安特曼（Pedro Antman）、让-米歇尔-德弗尼（Jean-Michel Devernay）、普拉文·卡基（Pravin Karki）、皮尔·曼托瓦尼（Pier Mantovani）、格哈德·索普（Gerhard Soppe）和马瓦什·瓦西克（Mahwash Wasiq）。我们还感谢瑞士经济事务国务秘书处（SECO）瓦伦丁·普法夫利（Valentin Pfäffli）和弗朗索瓦·萨拉姆（Francoise Salame）的宝贵贡献。

我们热烈感谢以下个人对本章案例研究的贡献：古铁雷斯·阿尔菲奥（Gutierrez Alfio），巴西斯科案例（Statkraft）；劳伦特·穆维特（Laurent Mouvet，国际水电运营有限公司），利比里亚咖啡山案例（Mount Coffee）；何塞·维莱加斯和拉穆·奥杜（José Villegas 和 Lamu Audu（主流公司），尼日利亚案例；穆罕默德·哈利克·西迪基和穆罕默德·阿西夫（Muhammad Khaleeq Siddiqui 和 Muhammad Asif，Laraib Energy Limited 拉莱布能源有限公司），巴基斯坦案例；乔治·穆特韦卡（George Muteweka，UEGCL），乌干达案例；费尔南多·阿尔卡雷斯/丹尼尔·佩尔奇克（Fernando Alcarráz/Daniel Perczyk），乌拉圭/阿根廷的萨尔托—格兰德水电站案例。有关案例研究的更多信息，请写信至如下地址：邮箱：iha@hydropower.org。

我们感谢（i）国际水电协会在瑞士、埃塞俄比亚和法国举办的 2016—2019 年的研讨会和（ii）国际可再生能源局（International Renewable Energy Agency，IRENA）于 2018 年在阿布扎比举办的研讨会期间，公共部门和私营部门参与者提供的指导和宝贵反馈。我们也感谢 IHA 资产管理知识网络项目的所有成员。我们感谢芭芭拉·卡尔尼（Barbara Karni）和萨拉·帕斯基尔（Sara Pasquier）编辑本章，感谢谢泼德公司（Shepherd Incorporated）和杜伊娜·雷耶斯（Duina Reyes）制作和布局。

最后，衷心感谢全球水安全与卫生伙伴关系（GWSP）和瑞士经济事务国务秘书处（SECO）为本章提供资金支持。

本章得到了全球水安全与卫生伙伴关系（GWSP）的支持。全球水安全与卫生伙伴关系是一个由世界银行水资源全球实践（Water Global Practice）管理的多方捐助者信托基金，由澳大利亚外交部和对外贸易部（Australia's Department of Foreign Affairs and Trade）、比尔和梅琳达·盖茨基金会（Bill & Melinda Gates Foundation）、荷兰外交部（Netherlands' Ministry of Foreign Affairs）、洛克菲勒基金会（Rockefeller Foundation）、瑞典国际开发合作署（Swedish International Development Cooperation Agency）、瑞士经济事务国务秘书处（Switzerland's State Secretariat for Economic Affairs）、瑞士发展与合作署（the Swiss Agency for Development and Cooperation）、英国国际发展部（U.K. Department for International Development）和美国国际开发署（U.S. Agency for International Development）支持。

# 缩　略　词

CAPEX 资本支出（Capital expenditures）

CMMS 计算机化维修管理系统（Computerized maintenance management system）

EPC 设计、采购与施工总承包（Engineering，procurement，and construction）

FOR 强迫停运率（Forced outage rate）

GW 吉瓦（$10^6$ 千瓦，1 Gigawatt＝1 million kilowatts）

hm 百立方米（hecto cubic meter）

HPP 水力发电厂（Hydropower plant）

ICOLD 国际大坝委员会（International Commission on Large Dams）

ICT 信息和通信技术（Information and communications technology）

IHA 国际水电协会（International Hydropower Association）

IPP 独立电力供应商（Independent power producer）

ISO 国际标准化组织（International Organization for Standardization）

KPI 关键绩效指标（Key performance indicator）

MESL 主流能源解决方案有限公司（Mainstream Energy Solutions Limited）

MW 兆瓦（1000 千瓦，1 Megawatt－1 thousand kilowatts）

NBE 新邦逃脱公司（New Bong Escape）

O&M 运维（运营和维护，Operation and maintenance）

OEM 原始设备制造商（Original equipment manufacturer）

OMT 运营、维护和培训（Operation，maintenance，and training）

OPEX 运营支出（Operating expenditures）

PPA 购电协议（Power purchase agreement）

RCM 以可靠性为中心的维护（Reliability－centered maintenance）

SECO 瑞士国家经济事务秘书处（Switzerland's State Secretariat for Economic Affairs）

SKER 斯科尔可再生能源公司（Statkraft Energias Renovaveis）

TSW 斯科方法（The Statkraft Way）

WHC 世界水电大会（World Hydropower Congress）

水电是世界上最大的可再生能源发电来源。水电装机容量继续增长，2018 年达到 1290GW（IHA，2019）❶，占全球可再生能源发电量的 60％以上。其重要性也在增加，因为其可调度性有助于将间歇性可再生能源整合到电力系统中，实现发电的脱碳。

然而水电设施的运营和维护（O&M）并不总是有效地进行，特别是在发展中国家，这意味着水电的全部效益没有实现。在瑞士马尔蒂尼举行的水电运维研讨会（2016 年 10 月）和埃塞俄比亚举行的世界水电大会（WHC）（2017 年 5 月）期间，主要利益相关方一致认为，需要一个工具来支持为运维能力低和商业环境具挑战性的国家制定特别的水电运维战略。

在此基础上，世行与水电界的不同代表合作，编写了本章实务案例。本章提出了推荐建议和良好做法，以制定水电机组的特别运维战略，旨在支持参与现有和新水电设施运维的利益相关方：

（1）通过考虑一座水电站的整个生命周期（从项目设计、施工、调试投产、运行和大修，到寿命终止退役），提高水电站的效率和可靠性。

（2）保护自然环境、员工和周围社区。

（3）使利益相关方利益最大化，包括提供低成本、可靠的可再生能源。

本章汇集了可以动用的 6 个案例研究，为编写本书提供了实例和从实地吸取的经验教训。这些案例研究确实是与巴西、利比里亚、尼日利亚、巴基斯坦、乌干达和乌拉圭/阿根廷的公共事业和私营公司一起编写的，并围绕本书中所述的步骤进行：

步骤一：进行诊断以确定运维项目的当前状态，并评估电厂的绩效。

步骤二：确定通过实施运维战略要实现的目标值。

步骤三：基于步骤一中完成的诊断，确定实现步骤二所确定战略目标值的活动和措施。

步骤四：根据步骤一至步骤三的研究结果考察运维合同模式，包括：

（1）模式 1：业主全权负责运营和维护。

（2）模式 2：业主将若干运维责任外包给咨询公司、承包商或供应商。

（3）模式 3：业主将所有运维责任外包给独立运营商。

步骤五：调查组织机构和人员编制配置方案。

步骤六：评估一个可持续运维项目所需的财务资源。

步骤七：通过成本效益分析验证该战略。

步骤八：实施该运维战略，包括制定运营计划。

表 10-1 提交的案例研究涵盖了各种类型和规模的水电设施，不仅展示了步骤四所述模式的实际应用，而且也说明了这些模型下可用的选项。

---

❶ IHA. 2019. *Hydropower Status Report*. London：IHA.

表 10-1　　　　　采用的案例研究和模式清单

| 案例序号 | 国家 | 水电站名称 | 装机容量/MW | 运维模式 | 关　键　特　点 |
|---|---|---|---|---|---|
| 1 | 巴西 | 斯科（Statkraft） | 180（6座） | 1 | 采用内部运维和斯科管理体系 |
| 2 | 利比里亚 | 咖啡山（Mount Coffee） | 88 | 3 | 临时措施，同时培训员工执行模式1 |
| 3 | 尼日利亚 | 凯恩吉—杰巴（Kainji and Jebba） | 1338（2座） | 2 | 大多数运维活动由业主负责，但一些专业活动外包 |
| 4 | 巴基斯坦 | 新邦逃脱水电项目（New Bong Escape） | 84 | 3 | 名义上是模式3，但现在由业主的子公司承担外包运维，因此与模式1B相似 |
| 5 | 乌干达 | 纳鲁巴莱和基拉（Nalubaale and Kiira） | 380（2座） | 3 | 全部外包特许经营权 |
| 6 | 乌拉圭/阿根廷 | 萨尔托—格兰德（Salto Grande） | 1890 | 1 | 内部团队运维 |

这6个案例研究还带来了从实施选定的运维战略中吸取的经验教训，同时分享了对仍存在的挑战和未来导向的看法。

本文的读者请同时阅读实务案例，以获得全部益处。这些文献共同说明了适用于水电站的一个有效的运营和维护战略的关键要素。这些资源的重点是妥善管理和调动适当的能力和技能。提高管理能力的措施确实被视为制定和实施有效的运维战略的关键。案例研究1（Statkraft的水电资产）和案例研究2（利比里亚的Mount Coffee）❶ 特别说明了通过管理改革大幅提高绩效和降低成本的范例。

# 10.1　巴西斯科可再生能源公司

资料来源：斯科尔可再生能源公司（SKER）。

---

❶　注：在这两份案例报告中，运维（运营和维护）是指运营和维护水电设施所需的所有活动，包括修理和翻新。尽管水电运维应遵循一个综合的大坝安全计划，但本章并未详细阐述大坝安全方面的内容，因为已经有大量关于大坝安全的指南（其中一些已在本书中列出）。

2015 年 7 月，斯科公司（Statkraft，SK，挪威国家电力公司）与巴西养老基金（FUNCEF，占 18.69％股份）合作，接管了斯科尔可再生能源公司（Statkraft Energias Renovaveis，SKER，简称斯科尔公司）巴西分公司的控制权，将其股份增至 81.31％。斯科尔公司是一家装机容量约 316MW 的公司，其中 128MW 为陆上风力发电，188MW 为水力发电。表 10-2 列出了斯科公司在巴西南部拥有和运营的设施（180MW）。

表 10-2　　　　　　　　巴西斯科可再生能源公司拥有和运营的水力发电厂

| 序号 | 水电站名称 | 水力发电类型 | 电　站　位　置 | 运营时间 /年 | 装机容量 /MW |
|---|---|---|---|---|---|
| 1 | 莫乔林霍 （Monjolinho） | 径流式或河床式 | 格兰德河的帕苏丰杜河 （Passo Fundo R on the Rio Grande） | 9.3 | 2 台 37， 合计 74 |
| 2 | 帕索斯迈亚 （Passos Maia） | 径流式或河床式 | 圣卡塔琳娜州西部的查佩科河 （Chapecó River, west in State Santa Catarina） | 6.8 | 2 台 12.5， 合计 25 |
| 3 | 莫因霍 （Moinho） | 径流式或河床式 | 伯纳德·约瑟河 （Bernardo José River） | 7.3 | 2 台 7， 合计 14 |
| 4 | 埃斯梅拉达 （Esmeralda） | 径流式或河床式 | 圣玛丽亚西北部的巴塔河 （Batá River northwest of Santa María） | 11 | 2 台 11， 合计 22 |
| 5 | 圣劳拉 （Santa Laura） | 径流式或河床式 | 圣卡塔琳娜州西部的查佩科齐尼奥河 （Chapecozinho River west in State Santa Catarina） | 11.2 | 2 台 7.5， 合计 15 |
| 6 | 圣罗莎二级 （Santa Rosa Ⅱ） | 径流式或河床式 | 格兰德河 （on the Rio Grande） | 10.5 | 3 台 10， 合计 30 |
| 年均水力发电量/(GW·h/年) | | | 936 | | |

资料来源：斯科尔可再生能源公司（斯科尔公司，2019）。

### 10.1.1　现有机组状态

1. 可利用率

巴西水电市场根据两个参数跟踪水力发电机组的性能：实际发电量与特许的保证出力[1]和可利用率水平的比较。

图 10-1 显示，过去五年中斯科尔公司的年平均发电能力为 109.4 MW，而实际保证出力的总发电能力为 99.7 MW。

尽管各水电站（HPP）的结果差异很大，大多数水电站都超出了其保证出力值，但除莫因霍水电站和圣罗莎二级水电站外。对于后面这两座水电站，由于环境主管部门（水电项目开始施工之后）要求增加的生态流量使其绩效低于平均绩效，导致发电量减少，再加上该流域连续数年的干旱。

在过去 3 年（2015 年、2016 年和 2017 年）中，斯科尔公司 6 座水电站的可利用率平均为 97.7％（图 10-2），这是斯科尔公司水电资产基于盈利能力、风险、长期规划和成本效益决策为主要目标的最佳水平。

一般来说，按照行业标准，世界一流的一个维护组织是一个持续展示行业最佳实践的

---

[1] 特许的保证发电出力代表水电资产可向电网系统提供的最大能量。巴西能源和矿业部将保证发电出力作为特许权授予过程的一部分进行计算。

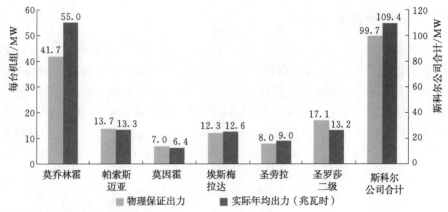

资料来源：斯科尔公司运营信息。

图 10-1 物理保证出力与五年的实际发电量对比

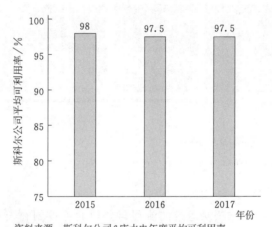

资料来源：斯科尔公司6座水电年度平均可利用率

图 10-2 水电资产平均水力发电可利用率

组织。表 10-3 说明了斯科尔公司水电资产的达到世界一流成就的某些指标。

表 10-3 　　　　　世 界 级 运 维 的 标 准

| 世界一流的运营和维护特性（定义） | 世界一流水平 |
|---|---|
| 维护计划时间表的履行性（已执行的和规划的计划时间表的比较） | ＞90％ |
| 加班维修费（加班费占总维修费的百分比） | ＜5％ |
| 维护的直接任务（占内部任务的百分比） | ＞75％ |
| 计划的维护工作（已执行的-计划的维护成本与总体维护成本的比较） | ＞90％ |
| 预防性维护时间表履行性（预防性维护计划的执行） | 100％ |
| 工作指令的比例（完成的工作指令与计划的工作指令的百分比） | 90％～100％ |
| 设备可利用率（电厂年可利用率） | ≥90％ |
| 设备发电生产率（对水电行业而言：年实际发电量与实际保证出力） | ≥95％ |

资料来源：斯科尔公司。

### 10.1.2　运维战略和合同安排

**1. 运维战略模式**

2015 年 7 月，开始全面实施斯科公司（Statkraft）的要求和政策（斯科方法：The Statkraft Way，TSW）。2015 年，该运维模式的构成是有限制的所有权代表和外包的管理与执行（介于模式 2 和模式 3 之间）。到 2017 年，它转型到模式 1，即具有完全所有权控制、内部负责管理和执行，这就使运维流程与斯科公司的业务计划及其长期目标保持一致（图 10 - 3）。

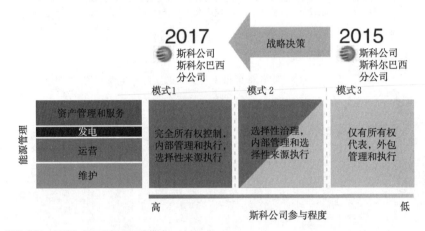

资料来源：斯科尔公司的行业运维模式

图 10 - 3　斯科公司采纳的运维模式：从模式 1 到模式 3 的变革

**2. 运维的战略行动模块**

一般来说，运维的斯科方法从运维的流程与公司业务计划和长期目标的一致性开始。能源价格和水文条件的预测都界定了能源管理计划，该计划构成了规划水电资产发电目标和维护任务（在低电价期间安排大修）的基础，同时考虑了水电资产的条件和一个风险与脆弱性的评估（risk and vulnerability assessment，RAV）。

目前斯科尔公司的运维模式实施如下策略：

（1）以盈利能力为主要目标在商业基础上运营，使运维流程符合斯科公司的要求和政策，这些要求和政策基于四个原则：一是安全和防范（safety and preparedness）；二是发电量和利润的优化（optimization of generation and profits）；三是授权于管理团队（empowered teams）；四是持续学习（continuous learning）。

（2）确保员工的健康、安全和人权受到重视、得到保护，并符合 OHSAS 18001 和 ISO 14001 或同等国家标准的指南。

（3）每年为每个电厂进行一次风险脆弱性评估（RAV）过程。

（4）通过如下措施确保水电资源的有效利用和开发：

1）在给定框架内实现收入最大化。

2）争取最具成本效益的运维方案。

3）以最佳再投资水平为目标。

4）实施一个长期的资产管理计划。

（5）确保许可证和特许权的未来使用。

（6）为每项水电资产分配一个经市场调整的可利用率。

（7）符合内部和外部要求。

（8）统一运用公司的原则、方法和工具，并根据当地条件进行调整。

（9）通过持续地改进过程进行高效利用并开发专业知识。

### 10.1.3　运维的人力资源

运维人力资源的规划针对与工人和工会的沟通。在向内部实施过渡期间，从技术角度对所有的 67 名员工进行了评估，以评估他们在斯科公司的潜在职业发展。从这项工作中，选择了 35 名电厂工人和 10 名现有技术员工，共 45 名全职员工（full - time employees，FTE）来管理 6 个水电站和 4 个风电场资产。

图 10 - 4 展示了斯科尔公司内部的 35 名全职运维水电员工的组织结构。

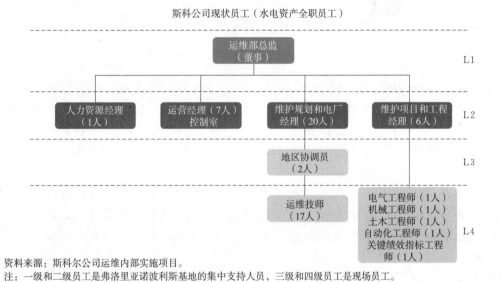

资料来源：斯科尔公司运维内部实施项目。

注：一级和二级员工是弗洛里亚诺波利斯基地的集中支持人员，三级和四级员工是现场员工。

图 10 - 4　6 座水电站的运维组织结构

人员编制配置计划的优化导致员工减少了 32%，从 67 个全职工职位减少到 45 个职位。维修优化基于斯科方法（TSW）运维模式的实施，大大减少了维修工作量，并有机会大幅减少人员要求。在优化过程中，增加两个全职员工职位是必要的，以符合巴西当地法规和斯科方法要求。在内部运维模式实施的前后，进行了一个沟通和培训过程。图 10 - 5 说明了该整合进程前 6 个月的主要活动。

### 10.1.4　运维的财务资源

每年分配给公司运维项目的财务资源主要基于企业的能源管理计划，而企业的能源管理计划又主要取决于流域水文条件和市场条件。财务资源一旦分配到位，就要编制一个年度的能源发电预测。此后基于水电资产状况和一个包括 360 度风险过程的风险和脆弱性评

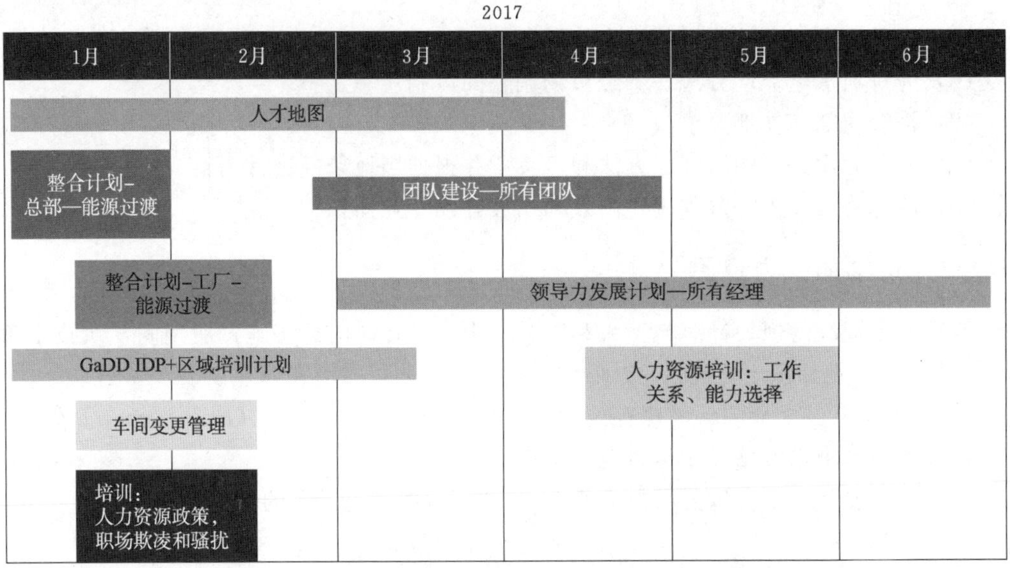

2017

| 1月 | 2月 | 3月 | 4月 | 5月 | 6月 |
|---|---|---|---|---|---|

人才地图

整合计划-
总部—能源过渡

团队建设—所有团队

整合计划-工厂—
能源过渡

领导力发展计划—所有经理

GaDD IDP+区域培训计划

人力资源培训：工作
关系、能力选择

车间变更管理

培训：
人力资源政策，
职场欺凌和骚扰

资料来源：斯科尔公司。

图 10-5　内部运维人力资源实施方案（模式 1）

估，编制运维的工作计划。

长期计划和短期计划要考虑水电资产状况和维护要求，包括预测性维护和预防性维护、重大升级和现代化工程，以确定完成公司业务计划所必需的运营支出和基建资本支出资源。运维预算在电厂层面进行分配，包括所有运维费用、行政和财务支持要求、管理费用、商业和税务费用（在巴西，每个电厂都是一家运营公司）。

运维董事（director，总监）在每年 8 月将运营支出和基建资本支出预算提交给资产管理进行审查和批准，并在每年 11 月由董事会批准下一年的运维预算。运营支出和基建资本支出的发放过程遵循公司授权委托书（power of attorney）的授权和限额（mandates and limits）。

斯科公司在斯科公司秘鲁分公司运维副总裁的支持下，在巴西实施了其运营模式，目标是达到世界一流公司的地位，如图 10-6 所示，其重点是：

（1）5S 实施计划；5S 是日本的一个体系，旨在组织一个提高效率和效果的工作场所，即"分类清晰（sort）""安排有序（set in order）""榜样引领（shine）""标准规范（standardize）"和"稳定持续（sustain）"。

（2）综合管理系统（Integrated management system，IMS）。符合：ISO 9001（质量体系）、ISO 14001（环境体系）和 OHSAS 18001（Occupational Health and Safety Assessment Series，职业健康安全评估体系）。

（3）扩展的工况评估（Extended condition assessment，ECA）。

（4）风险和脆弱性评估（Risk and vulnerability assessment，RAV）。

（5）以可靠性为中心的维护（Reliability-centered maintenance，RCM）实施。

（6）肇因分析（Root cause analysis，RCA）和经验教训。

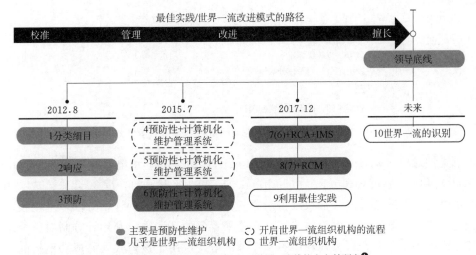

图 10 - 6 斯科尔公司通向世界一流公司的路径

（7）计算机化维护管理系统（Computerized maintenance management system，CMMS）。

该模式的确定可通过实施世界一流维护方法（图 10 - 7）来优化维护工作量（work-load）要求，其重点是以可靠性为中心的维护（RCM）战略。其结果是维护工作量减少了 28%，年平均维护工时数从 32959h 减少到 23680h，并且水电资产的可利用率也增加了。

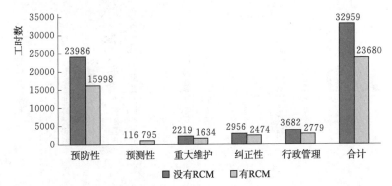

资料来源：斯科公司巴西分公司内部模型实施。

图 10 - 7 实施以可靠性为中心的维护（RCM）：维护工作量比较

## 10.1.5 实施运维战略的经验教训

从 2015 年开始在水电资产管理中实施运维战略，经过运维审计流程之后已证明这是成功的，该流程将运维流程与最佳实践进行了 5～10 的评分（图 10 - 8）❷。该新战略的实

---

❶ 斯科公司是挪威水电技术研究中心（Hydro Cen）的 42 个合作伙伴之一，其贡献了约 150 万美元，是合作伙伴为开发水电技术运维工具的最大贡献。

❷ 世界一流评级如图 10 - 6 所示：1～3：主要是预防性维护；4～5：开启世界一流组织的流程；6～8：几乎是世界一流组织；9～10：世界一流组织；参考 Statkraft/SINTEF 基础文件。

施于 2017 年完成。

| 实施斯科方法（TSW）的演变（年） | 2015 | 2017 |
|---|---|---|
| 世界一流等级评定 | 10 | 10 |
| 斯科尔公司：总体分级 | 7 | 10 |
| 差值 | 3 | 0 |

资料来源：内部运维实施项目。

图 10-8　实施斯科方法的运维期间斯科尔公司的运维差异水平

加权维护对象（weighted - maintenance object，WMO）水电对标基准模型是由斯科（Statkraft）和 PA 咨询公司（PA consulting）于 1989 年开发的，近 30 年来已成功用于支持北欧水电行业的绩效改进。加权维护对象的方法旨在提供一种评估方法，基于技术条件和复杂性，将各种规模的水电设施置于一个公平竞争的环境中，利用计分制对整个水电站进行评分。过去十年，斯科公司在南美和亚洲的电厂应用了该模式，并成功地提高了这些水电资产的绩效。

如图 10-9 所示，在斯科公司对巴西的 6 家电厂实施运维优化方法后，总体年度运营支出金额从 34000 美元/加权维护对象（总体预算：950 万美元）减少到 20300 美元/加权维护对象（580 万美元），每年节省 370 万美元。这导致 2017 年之后利润预计增加 2900 万美元（按 12％折现率计算，25 年的净现值）。

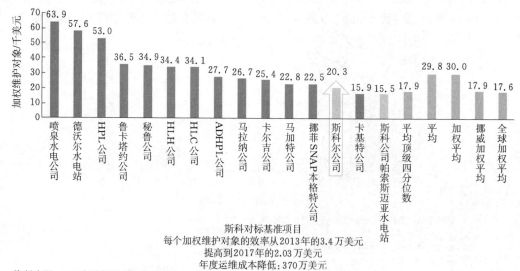

资料来源：2017 年度斯科对标基准项目。

图 10-9　2017 年斯科效率计划项目

## 10.1.6　挑战和未来方向

最近，斯科公司（Statkraft）在巴西的业务有所扩大。2018 年 12 月 21 日，斯科公司与法电巴西能源公司（Energias do Brasil，EDP）签署了一项协议，收购了巴西圣埃斯皮里托州（Espírito Santo）的另外 8 座运营水电站，总装机容量为 131.9 MW。巴西的组织机构正在为这些水电站执行一项整合计划，以便在 2020 年前使其达到斯科方法（TSW）

的标准水平。

新的可再生能源技术的发展为世界水电资产的运营带来了新的挑战，并将产生运维方面的如下的一些关键趋势：

不断增加的各种可再生能源技术的普及率可能导致运营成本的增加，并强调需要将更高的总体效率作为一个关键目标。

鉴于合同和商业模式正在发生变化，因此需要实施基于能力的持续改进过程。

数字化通过自动化、智能化的运维流程，利用强化的数字监控系统和预测分析，为收入优化和成本降低提供了解决方案。

## 10.2　利比里亚咖啡山水电站

资料来源：水电国际运营公司。

在经历了 20 世纪 90 年代的数年内乱（civil unrest），咖啡山（Mount Coffee）水电站曾被破坏，但现在该水电设施已经完全重建（图 10 - 10）。在水电站址无法运行之后，利比里亚电力公司（Liberia Electricity Corporation，LEC）失去了运营水电站的内部经验和专业知识。2016 年，利比里亚电力公司与一家瑞士公司即水电国际运营公司（Hydro Operation International，HOI）签署了一份为期 5 年的运营、维护和培训（operations，maintenance，and training，OMT）合同，负责运营和维护咖啡山水电设施，同时开展理论培训和实践培训，以提高运维员工的素质。

在内乱期间，水电站大坝被破坏（breached），电厂随后遭到洗劫（looted）。从 2013 年开始，该水电设施的更新改造❶包括：

（1）重建大坝及其附属的土木工程结构物。

（2）修复溢洪道和闸门，包括新的驱动装置和控制装置。

---

❶　该更新改造项目由欧洲投资银行（European Investment Bank，EIB）、德国政府［在德国金融公司与利比里亚的合作范围内，由德国重建信贷研究所（Reconstruction Credit Institute of Germany，KfW）负责管理］、挪威政府（通过挪威外交部）、千年挑战公司（Millennium Challenge Corporation，MCC）和利比里亚政府共同出资。

资源来源：水电国际运营公司（HOI）。

图 10-10　咖啡山重建的电厂厂房

（3）新建紧急溢洪道。

（4）修复取水构筑物及其附属水力机械设备。

（5）修复电厂厂房土建结构。

（6）更换电厂的所有机电设备，其中包括涡轮机、发电机、龙门起重机、最新的控制装置等。

（7）新建 132 kV 开关站和两条输电线，包括 11/66 kV 单元变压器。

## 10.2.1　现有机组状态

电厂新厂房的第一台机组于 2016 年 12 月试运行，其余机组在 2017 年和 2018 年逐步试运行。到 2018 年，4 个机组中有 3 个已被利比里亚电力公司（LEC）接管。第 4 个由利比里亚电力公司于 2019 年年中接管。

虽然一直稳步上升，但利比里亚配电网的发展仍然缓慢，因此咖啡山发电厂 88MW 的全部产量没有得到充分利用。目前仅需两台机组即可满足电网的需求（表 10-4）。

表 10-4　　　　　　　　　　　　2018 年咖啡山水力发电厂

| 站名 | 发电类型 | 位置 | 发电年数 | 装机容量 |
|---|---|---|---|---|
| 咖啡山 | 径流式 | 利比里亚<br>圣保罗河系 | 原设施发电 52 年<br>重建设施发电 3 年 | 4 台机组，每台 22MW，<br>合计 88MW |
| 2018 年年均发电量/(GW·h/a) | | | | 159（*） |

资料来源：水电国际运营公司（HOI）

**注：**（*）受限于当前电网需求，来年预期将增加。

在全年的大部分时间里，咖啡山水电站是利比里亚电力公司在蒙罗维亚（Monrovia）电网的唯一电力供应商，并在一个提供频率和电压控制的孤立电网上运行。在枯水季节，当自然流入量大大减少时，利比里亚电力公司需要用柴油和重油发电来补充电力供应。水电机组经常要应对电网负荷的大幅度波动（large network load swings）和其他不稳定现象，这就会导致机组停运。尽管自水电站恢复运行以来取得了显著的改善，但停电（blockout）仍时有发生（2017 年机组停运 105 次，2018 年降至 61 次，2019 年降至 56 次）。由于机组具有黑启动能力（black - start capality），因此通常在一次停电之后用于重新恢复电网。因此，咖啡山水电站的其中一台机组通常在数分钟内恢复运行，电网系统则在 30～90min 内完全恢复。

应注意的是，咖啡山开关站不在委托给水电国际运营公司（HOI）进行运营、维护和培训的设施范围内。

## 10.2.2　运维战略和合同安排

### 1. 运维战略模式

自 1990 年以来，利比里亚电力公司丧失了水电设施运营方面的经验和专业知识。为确保可持续发电，利比里亚电力公司在贷款方的财务支持下，于 2016 年将一份为期 5 年的运营、维护和培训合同（模式 3）授予瑞士水电国际运营公司（HOI），该公司将：

（1）在利比里亚输配电网的预期开发期内，按照国际标准负责该电厂运维，为期 5 年。

（2）建立适用于该电厂可持续运营的运维程序，并负责在 5 年内实施。

（3）培训利比里亚电力公司任命的当地员工并分享技能，以便当地员工在 5 年期后（回到模式 1）在几乎没有任何帮助的情况下拥有运营电厂所必需的技能。

根据德国重建信贷研究所（Reconstruction Credit Institute of Germany，KfW）的投标规则（bidding rules），向瑞士水电国际运营公司授予运营、维护和培训（OMT）合同是在利比里亚电力公司咨询团领导的国际招标过程（tendering process）之后进行的。这一进程始于 2014 年，虽受埃博拉危机影响而中断，最终于 2016 年完成。

### 2. 总体运维战略

咖啡山水电站的运营旨在通过确保将最佳实践和国际标准纳入所有水电设施组件的日常运营和维护以及运维承包商对当地员工的培训中，从而最大限度地提高可利用率和减少停机（maximize availability and minimize outages）。

经验表明，即使经过周密的水电项目规划，从施工到调试实施了良好的质量控制措施，但仍会出现不可预见的问题，造成计划外停机、发电损失、减载（load shedding，或译切负荷、减少负荷、甩负荷等）、设备和机械的可能劣化等。

咖啡山水电站的运营、维护和培训（OMT）合同旨在缓解这一问题。在投入大量资金修复该电厂后，在现场提供足够的在职专业知识和经验是必不可少的，以确保该电厂在剩余寿命期间实现可持续和可靠运行的长期目标。

咖啡山水电站的维护是以预防性维护（遵循运维手册要求和最佳实践）、基于事件的维护和纠正性维护为中心。有计划的维护停机遵循一个根据需要修订的年度计划表。在可能的情况下，计划的停机应在对电力生产影响最小的时候进行。维护活动由外派员工和当地员工组成的混合团队进行，使当地员工能够获得在职经验。

定期的预防性维护活动是必要的，以确保设备在一个困难的使用环境中的质量控制和可靠运行。通过使用有计划时间表的停机来检查所有设备（能用的和不能用的），识别故障的潜在风险，并根据需要更换或维修部件，从而实现设备的最大可利用率和最小的计划外停机次数。

瑞士水电国际运营公司（HOI）管理的运营、维护和培训（OMT）计划中的绩效激励包括：

（1）电厂绩效：在如下若干领域使用关键绩效指标（表 10 - 5）进行评估：

1）电厂绩效。

2）维护预算。

3）备件管理。

4）健康与安全。

（2）培训绩效：如果一名受训人员可以晋升（即经过特设培训委员会的测试和同意晋升），并且相应的外派人员可以在合同目标结束日期之前退出，则该运营、维护和培训（OMT）承包商将获得奖励。目前，利比里亚电力公司（LEC）对当地员工履行或承担责任不提供任何激励。

表 10 - 5　　　　　　　　　　　　关键绩效指标表的样本

| 关键绩效指标（KPI） | 目标值（target） | 关键绩效指标（KPI） | 目标值（target） |
|---|---|---|---|
| 电厂可利用率 | ≥97% | 库存值的增加 | ≤5% |
| 发电强迫停运率 | ≤1% | 事故发生率 | 1 次/年 |
| 预算绩效偏差 | ≤5% | 事故严重程度 | 10 个损失工日/年 |

资料来源：HOI。

## 10.2.3　运维的人力资源

### 1. 员工结构构成

咖啡山水电站的运营和维护员工的结构构成如下（如图 10 - 11 所示）：

（1）管理层员工由一个经验丰富的电厂经理负责，包括一个运营经理、一个维护经理和一个主管技术服务的总工程师，加上行政和一般服务员工。该管理结构目前由瑞士水电国际运营公司（HOI）负责配备人员，除电厂经理外，每个职位都有利比里亚电力公司（LEC）的一名对应员工。一般性服务，诸如电厂办公室和现场生活设施的管理，包括加油站、汽车维修设施、运动和休闲设施等，不在瑞士水电国际运营公司（HOI）的责任范围之内。

（2）运营员工由五名瑞士水电国际运营公司（HOI）轮值总监和五名利比里亚电力公司（LEC）对应员工组成，根据需要在电厂控制室配备一个由两名操作员组成的 24h/7d 团队，包括休息时间和休假时间。2018 年，增加了第二批利比里亚电力公司（LEC）受训员工，为第一批员工的过渡做好准备，第一批员工升职之后瑞士水电国际运营公司（HOI）轮值总监将离职。预计经过 3 年的培训后，运营轮班将由利比里亚电力公司（LEC）员工单独配备。

（3）维修员工由瑞士水电国际运营公司（HOI）高级员工负责：一名机械技师、一名电气技师、一名过程与控制技师和一名普通维修技师。每个职位都匹配一名利比里亚电力公司（LEC）对应的受训员工。

维护范围不仅包括水力发电厂，还包括水力机械设备（如溢洪道、进水口闸门）、水库清理（clearing）、大坝监测（surveillance）和植被清理（cleaning）、进水口拦污栅管理，加上道路维护等。其他设施的维护，如开关站、营地和附属设施，现场安全仍在利比里亚电力公司（LEC）的直接管理下。

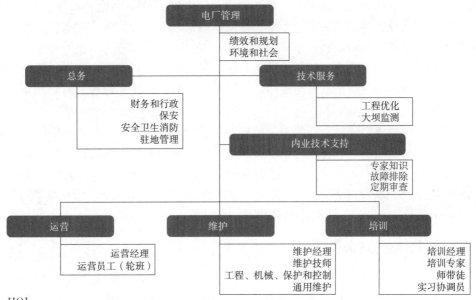

资料来源：HOI。

图 10-11　咖啡山水电站的运维管理结构

图 10-11 中职能部门的人员编制配置如下（外派员工/当地员工）：

（1）电厂经理：3/3。

（2）总务：3/3。

（3）技术服务：1/5。

（4）运营：6/6。

（5）维护：5/5。

（6）培训：1/1。

培训和认证完成后（图 10-12），只有当地员工留下。

图 10-12　培训课程和转子检查

2. 运维培训

瑞士国际水电运营公司正在实施一项广泛的运维培训计划，包括 6 个主要的主题：

（1）电厂管理：协调该公用事业设施，预算和成本控制、绩效监控、环境报告。

（2）运营：建立运营程序和例行程序，协调调度中心、电厂运营、洪水管理、溢洪道闸门操作、进水口和拦污栅操作、水库清理、应急程序和培训。

（3）发电设备维护：制定一个维护计划和维护程序，预防性维护和纠正性维护，准备大修工作，管理备件和耗材。

（4）其他设备的维护：包括溢洪道闸门、进水口结构、电信、大坝维护和监测。

（5）其他相关培训：招聘与评估，基础数学、物理、能源课程；专业培训：管理、工程师、技师。

（6）其他服务：安保、门禁、质量控制和安全管理、消防、急救和辅助医疗服务等。

最初计划是这项培训将通过在瑞士水电站和研讨会的实习来完成。然而，该计划的这一部分无法执行，因为无论是水电项目资金还是利比里亚电力公司（LEC）本身的内部资源都缺乏足够的资金。因此培训仅限于在职培训（on‐the‐job training）和边干边学（learning‐by‐doing），直到能够获得足够的预算。

## 10.2.4　运维的财务资源

咖啡山水电站的全部运维预算每年为 500 万美元，包括运营、维护和培训（OMT）合同成本、定期全面检修的若干准备金和备件与耗材的若干更换。这相当于重建成本的1.5%，或在当前需求受限发电条件下约 3 欧分/（kW·h）。一旦咖啡山水电站以其设计发电能力发电，预计每千瓦时的成本将降低。

在运营的第一年，该运维预算由项目修复基金（赠款和贷款，grants and loans）支付。此后运营、维护和培训（OMT）合同的费用将由利比里亚电力公司（LEC）自有资金（电力销售产生的收入）来支付。

运营、维护和培训（OMT）合同中规划了一个由利比里亚电力公司（LEC）资产负债表（balance sheet）提供资金的一个托管账户（escrow account），为该运维的融资提供担保，并为未来的重大维护和全面检修提供准备金。利比里亚电力公司（LEC）尚未实现这一点。

该合同开始执行时支付了相当于 6 个月服务期的预付款（advance payment）。预付款由水电项目贷款机构提供资金，一直维持到该合同的最后一年，来提供短期融资以确保该合同，并提供资金以抵消任何未付发票（unpaid invoice）。

在执行五年期的运营、维护和培训（OMT）合同之后，电厂运维将由利比里亚电力公司（LEC）全权负责（过渡到模式 1）。在试运行后的头几年，预计将需要一些额外费用，包括：

（1）培训费用，加上若干外部运营支持以实施良好实践和良好程序。

（2）尚未纳入项目融资的额外投资成本：例如一个运营商驻点及其相关服务，可为员工及其家庭提供良好的生活条件，其设计与电厂的预期寿命一致。

（3）额外的维修设备，其中若干通常不在运营支出预算中考虑，例如维修车间、重型维修车辆、消防车、移动式起重机、工具等。

（4）一个通信系统。

利比里亚电力公司（LEC）的现状财务状况不允许为这些科目分配资金。

### 10.2.5　实施该运维战略获得的经验教训

在接受在职培训后，就可能存在着这些受过培训的员工选择离开该电厂到其他公用事业或私营部门就业的一个倾向，特别是如果外部公司提供更具竞争力的工资，并且如果厂址的生活条件没有从现状得到改善的话。这就突出了入职（enrollment）和培训第 2 批操作员的重要性，以确保在瑞士国际水电运营公司（HOI）的合同完成之前，该运维项目得到人员编制配备齐全和全员培训。

该电厂经理必须有足够的权威支出该运维预算，以保持该水电资产的性能和状况及其可持续能力。在某些情况下，外部顾问的支持可能有助于对该运维项目进行年度审计和半年审计，并对预算和水电资产长期管理计划进行年度审查。

### 10.2.6　挑战和未来方向

1. 挑战 1：人力资源和能力建设

咖啡山水电站（正与许多发展中国家一样）运维的能力建设方面最具挑战性的问题是建设和留用人力资源。只有在模式 1 条件下才能实现长期可持续的运维，即运维人员由当地配备，且管理者们和技术员工人员都得到适当的培训和激励。

咖啡山水电站培训员工面临的挑战包括：

（1）通过与业主、运维承包商和借调受训人员签订一份正式协议，授权该运维承包商对这些受训人员有保质保量（adequate and sufficient）的控制和充分的权威。

（2）建立一个个人绩效奖励制度，以表彰受训人员的进步、承诺和奉献精神。应该认识到这可能与当地政府机构的就业状况和工资结构相冲突。

（3）留用（retain）新培训的员工，这些新员工可能会被其他行业的其他机会所吸引。

能力建设的目的是在该国内开发其专门知识和专家知识，而这不仅仅是在该公用事业的责任范围。基于咖啡山水电站获得的工作经验，瑞士国际水电运营公司（HOI）建议，最佳解决方案是创建一个特定的本地私营运维公司，主要配备当地员工，并由该运维承包商负责管理，其目的是以可持续的方式运营和维护该电厂。

这样一个公司可以是在运维承包商与电厂业主或其他地方利益集团之间的一个合营企业（joint venture），通过一个总价合同（lump sum contract）获得报酬，并具有一个基于关键绩效指标的奖励条款并由咖啡山水电站产生的收入提供资金。该公司要负责当地员工的选拔、雇用和培训（selection，employment and training），并要有能力在必要时奖励、激励或制裁某些员工（reward，motivate or sanction the staff）。它还要在制定一个更换退休员工的继任计划中获得好处（a vested interest）。

2. 挑战 2：运维的融资

应提前编制多年预算，并为大型维护工程和全面检修分配准备金。咖啡山水力发电厂由利比里亚电力公司（LEC）所有，并且在该运维合同结束后将由利比里亚电力公司（LEC）管理。然而由于电厂没有自己的预算、账目和控制，因此电厂管理层无权以最佳方式运营该水电设施。

该财务计划应在储备基金中分配资金，在必要时为全面检修提供资金。在缺乏储备资金的情况下，全面检修通常不会完成或被推迟，从而威胁到设备的寿命。

咖啡山的运维项目所要求的某些要素被认为是确保该承包商安全和可持续运维的关键要素，但这些要素并未包含在该水电整修预算中，仍由利比里亚电力公司（LEC）负责提供资金，例如：驻点村庄、一些大型维护设备（例如带悬臂起重机的卡车、移动式起重机、消防车等）、驻点现场通信和现代化 IT 设施。

电厂的一个特定利润中心，应拥有其自己的管理、财务目标和运营目标以及收入来源，这样可以实现更优化的资产管理，该管理能够进一步保证该电厂的绩效、可靠性和可持续性。

3. 挑战 3：电网稳定性

在发展中国家，水电设施的运营往往与电网和配电网的稳定性有关。电压、频率和负荷的不稳定性给发电设备增加了应力，并可能影响其可靠性。一个恰当资助的维护计划将允许额外的保护系统和监测系统，以确保及早探测和监测由这些电网不稳定问题造成的损害。一旦发现这些问题，就应该及时解决，避免过早的故障。

4. 挑战 4：流量控制

圣保罗河（St. Paul River）的季节性本质和其水文条件的不可预测性使得管理咖啡山水电站的运营以确保全年可靠的电力供应变得困难。气候变化很可能加剧流量的不确定性。规划中的维阿水库（Via）处在圣保罗河主要支流上游（目前正在进行预可行性研究）。维阿水库建成后，这个蓄水水库将会调节流量，使咖啡山电厂在枯水季节产生更多的电力。

从咖啡山水电站重建的经验来看，一个关键的教训是，运维所必需的所有要素都应在该水电项目预算中提供资金。尽管这些组成部分的成本与总体建设或整修成本相比可能很小，但如果忽视的话，可能会对运维的绩效和可持续能力产生重大影响。就咖啡山水电站而言，虽然其距离蒙罗维亚只有 30km，但它是一个相对偏远的地点，因此需要提供：

（1）适用于运维员工的合适住房、健康、娱乐和其他设施，以便在现场长久居住。

（2）允许与本地控制中心通信的工业级冗余的高宽带通信系统（语音和互联网）。

（3）允许所有常规运维在内部执行的车辆池（vehicle pool）、设备池（equipment pool）、车间和工具，无需借助第三方的设备或技能。

# 10.3　尼日利亚凯恩吉—杰巴水电综合体

资料来源：主流能源解决方案有限公司。

自从 2013 年主流能源解决方案有限公司（Mainstream Energy Solutions Ltd.，MESL，以下简称主流公司）接管凯恩吉—杰巴（Kainji - Jebba）水电综合体（hydro-power complex）以来，该公司已经实施了一项容量恢复计划，以恢复这两座电厂的联合出力（joint capacity）。在 1340MW 的总装机容量中，其保证出力能力已从资产收购时的460MW 增加到今天的 922MW（图 10 - 13 和表 10 - 6）。通过与尼日利亚政府签订一份为期 30 年的特许运营权协议（concession agreement），主流公司是负责凯恩吉—杰巴水电综合体运维的一个私营业主/特许公司（private owner/concessionaire）。

资料来源：主流能源解决方案有限公司。

图 10 - 13  凯恩吉—杰巴水电综合体鸟瞰

主流公司的运维计划致力于通过利用国际公认的程序进行持续改进，以确保优化电厂的可利用率和可靠性。主流公司制定了一个关于员工招聘和留用的计划，即通过鼓励该组织机构内部的晋升，并制定了一个创新的培训计划和一个入职制度（on - boarding system）。

表 10 - 6　　　　　　　　　凯恩吉—杰巴水电综合体的电厂特征

| 站名 | 发电类型 | 位　置 | 发电年数 | 装机容量 |
|---|---|---|---|---|
| 凯恩吉 | 坝式蓄水 | 位于尼日尔河—杰巴上游 100km 处，凯恩吉大坝 | 50 年 | 4 台机组，每台 80MW；2 台机组，每台 100MW；2 台机组，每台 120MW；合计 760MW |
| 杰巴 | 坝式蓄水 | | 34 年 | 6 台机组：每台 96.4MW 合计 578.4MW |
| 2016—2018 年期间年均发电量/(GW·h/a) | | | | 5500 |

资料来源：主流公司（MESL）

## 10.3.1　现有机组状态

1. 凯恩吉—杰巴水电综合体的联合运营

凯恩吉—杰巴水电站由尼日利亚政府所有，自 2013 年 11 月起由主流公司（MESL）依据一份 30 年特许权协议进行运营。主流公司（MESL）于 2011 年注册成立并以一个发电公司的身份获得发电执照，并向由公司股东和业主组成的董事会报告。管理团队负责该公司的日常事务，并制定该公司的战略政策。

凯恩吉—杰巴水电站分别于 1968 年和 1984 年投产，总装机容量为 1338.4 MW。目前该综合体的发电出力为 922MW（占装机容量的 69%），计划到 2025 年达到全部发电能力。这两座水电站位于尼日尔河上，是一个梯级电站，凯恩吉大坝位于杰巴大坝上游 100km 处。两座水库的总库容分别为 150 亿 $m^3$ 和 38 亿 $m^3$。

**2. 设施的年龄和工况**

当主流公司（MESL）于 2013 年接管凯恩吉水电站的运营时，该水电站已无法运行。目前（2019 年），8 台机组中有 4 台机组以接近 100% 的可利用率运营，发电出力为 440MW。1G5、1G6 和 1G12 号机组的修复由世界银行在尼日尔流域水资源开发和可持续生态系统管理项目（Niger Basin Water Resources Development and Sustainable Ecosystem Management Project）下提供资金，而 1G11 号机组的修复则由主流公司（MESL）提供资金。通用电气（General Electric）正在进行的 1G7 号机组的修复和现代化工作将在 2020 年时增加 80MW 的新增装机容量。剩余机组的全面恢复计划在该公司的产能恢复计划内进行，预计到 2025 年最终完成。

主流公司（MESL）于 2013 年接管杰巴水电站的运营，其装机容量为 578MW，其中有 460MW 可用。目前有 6 台机组中的 5 台机组正在运行，其可利用装机容量为 482MW。由于在主流公司（MESL）收购之前发生一次重大火灾，因此 2G6 号机组不可用；正在通过产能恢复计划恢复该机组。在 5 台可运行的机组中，有 4 台需要大修和现代化，以进一步提高其绩效。

**3. 可利用率**

自从主流公司（MESL）收购以来，凯恩吉—杰巴水电设施的性能已经提高，2014—2018 年，可利用率超过 99%，强迫停运率仅为 0.53%（表 10 - 7）。

表 10 - 7　　　　　　　　　凯恩吉—杰巴水电综合体的可利用率

| 关键绩效指标 | 目标值 | 2018 年 10 月实现值 |
| --- | --- | --- |
| 可利用率/% | >95 | 99.13 |
| 强迫停运率/% | <0.75 | 0.53 |
| 发电系数❶/% | 100 | 98.69 |

资料来源：主流公司（MESL）

## 10.3.2　运维战略和合同模式

**1. 运维的合同模式**

凯恩吉—杰巴水电站在一个特许经营模式（模式 3）下运营，其中运营和维护的所有方面均由作为私营特许权持有人的主流公司（MESL）负责。2005 年的《尼日利亚电力部门改革法》（*Nigeria Electricity Power Sector Reform Act*）规定了私营部门参与尼日利亚电力市场的条款，以便私营公司能够承担公用事业失灵（defunct public utilities）的职能责任、资产和负债。随着尼日利亚电力监管委员会（Nigeria Electricity Regulatory Commission, NERC）的成立，尼日利亚还发展了一个竞争性的电力市场。主流公司（MESL）于 2011 年

---

❶　发电系数＝实际发电量/基于 100% 可利用率的预期发电量。

作为一家发电公司注册并获得发电许可证，并通过公共企业管理局（Bureau of Public Enter-
prises，BPE）领导的一个竞争性程序，并依据一份特许经营权协议收购了凯恩吉和杰巴水力
发电厂，其目标值是恢复这两个电厂的装机容量（1338.4MW），并以安全高效的方式运
营和维护这些设施。

2．运维总体原则

主流公司（MESL）内部实施的其中一些关键运维原则包括：

（1）通过应用戴明的循环理念❶（Deming's Cycle Concept），通过以下方式，努力实
现持续改进：

1）水文和运营的每日审查会议，以规划最佳发电的水资源利用。

2）适用于持续改进而进行维护活动的日常审查。

3）故障的肇因分析，以避免重复出现的纠正性维护问题。

（2）通过电厂可利用率❷和可靠性的关键绩效指标（KPI），包括表10-8中所述的关
键绩效指标和表10-9中所示的示例，努力达到运维的国际标准。

表10-8　　　　　　　　凯恩吉—杰巴水电综合体的可利用率

| 指　　标 | 计　　算　　公　　式 |
| --- | --- |
| 强迫停运率 | 强迫停运小时数/（强迫停运小时数＋服役小时数）：<br>表示一台机组处于非计划停运状态的小时数 |
| 可利用率 | （可利用小时数/运营期间小时数）×100；表示一个给定的运营时段内<br>一台可利用的发电机组无任何停机的时间部分 |
| 发电机组成本/[N/(kW·h)] | 总支出/总上网电量 |
| 装机容量利用指数/% | 可利用装机容量/设计装机容量 |
| 发电利用指数/% | 实际发电量/可利用装机容量 |
| 水资源利用率指数<br>/[Mm³/(MW·h)] | 用水量/总发电量 |
| 员工生产率指数<br>/(MW·h/人) | 上网电量/员工人数 |
| 故障维修指数 | 缺陷整改的数量/报告缺陷数量 |

资料来源：主流公司（MESL）。

表10-9　　　　　　　　凯恩吉—杰巴电厂的关键绩效指标的样本

| 关键绩效指标 | 2017.10 | | 2017.11 | | 2017.12 | | 2018.10 | | 2018.11 | | 2018.12 | |
| --- | --- | --- | --- | --- | --- | --- | --- | --- | --- | --- | --- | --- |
| | 凯恩吉 | 杰巴 | 凯恩吉 | 杰巴 | 凯恩吉 | 杰巴 | 凯恩吉 | 杰巴 | 凯恩吉 | 杰巴 | 凯恩吉 | 杰巴 |
| 强迫停运率/% | 0.62 | 0.56 | 0.61 | 0.65 | 0.59 | 0.60 | 0.53 | 0.57 | 0.64 | 0.55 | 0.67 | 0.63 |

❶ 戴明的PDCA循环（plan - do - check - act or plan - do - check - adjust，计划-执行-检查-行动或计划-
执行-检查-调整）是一种迭代的四步管理方法，适用于商业领域的过程和产品的控制和持续改进。

❷ 可靠性度量是发电机组执行其预期功能的能力。可利用率度量是与一个机组能够提供服务时间的比例有关。

续表

| 关键绩效指标 | 2017.10 | | 2017.11 | | 2017.12 | | 2018.10 | | 2018.11 | | 2018.12 | |
|---|---|---|---|---|---|---|---|---|---|---|---|---|
| | 凯恩吉 | 杰巴 | 凯恩吉 | 杰巴 | 凯恩吉 | 杰巴 | 凯恩吉 | 杰巴 | 凯恩吉 | 杰巴 | 凯恩吉 | 杰巴 |
| 可利用率/% | 83.31 | 96.5 | 97.24 | 98.8 | 98.53 | 97.8 | 99.13 | 97.70 | 95.75 | 98.00 | 94.38 | 98.50 |
| 发电系数/% | 0.956 | 0.933 | 0.931 | 0.981 | 0.991 | 0.981 | 0.986 | 0.831 | 0.961 | 0.973 | 0.978 | 0.892 |

资料来源：主流公司（MESL），运维报告。

（3）实施并维持一个健全的卫生政策、安全政策和环境政策及其相关程序，以实现零事故（截至 2018 年 11 月，主流公司已实现 400 万工时无损失事故）。

（4）高效安全地控制运营和维护的绩效，优化可靠性和能源生产。

（5）对员工进行持续培训和宣传，理解安全和保护环境的重要性，遵守该公司和监管部门的政策和标准，以防止环境事件发生。

（6）使用现代化设备执行常规检查和监控活动，优化设备可靠性和使用效率。

（7）确保在任务执行期间提供支持文件和程序。

（8）聘请咨询公司和运维专家，为关键任务和具有挑战性的任务提供技术援助，例如修理受损的定子、修复特定发电机和涡轮部件、转轮叶片气蚀修理、溢洪道液压缸供应等。

（9）采用 5S 方法（sort, set in order, shine, standardize, and sustain，分类清晰、安排有序、榜样引领、标准规范和稳定持续），这是一个标准化的过程，以创建并维持一个有组织的、安全的、清洁和高效的工作场所。

## 10.3.3　运维的人力资源

**1. 主流公司的运维人员配置**

主流公司（MESL）在如下组织结构内管理所有运维活动（图 10 - 14）：

（1）运维活动分为单独的运营和维护部门，每个部门都有一名专门的经理，直接向首席运营官（Chief Operating Officer，COO）报告。

（2）运营部支持凯恩吉—杰巴电厂的运营和水管理决策，并向运营经理报告。运营部由 61 名员工（60 名当地专家和 1 名外国专家）组成，他们负责运营管理，以实现高水平的安全和绩效，并制定并维护凯恩吉/杰巴综合体的安全和可持续水管理战略，同时优化发电。

（3）维护部负责凯恩吉—杰巴水电站的维护活动和规划维护活动。技术支持部门（technical support unit，TSU）和大坝安全部门向维护部门经理报告。维护部门由 103 名员工（102 名本地专家和 1 名外国专家）组成，负责协调并执行全厂维护项目，以优化机组可利用率并避免强制停机。

（4）项目经理部有 2 名员工，质量卫生安全环保部有 10 员工。

**2. 运维的员工招聘和培训战略**

主流公司（MESL）制定了一项员工招聘和留用计划，其特点如下：

（1）在该组织机构内晋升（promotion）以促进知识转让：员工晋升到更高级别的职位，并承担横向管理或垂直管理的额外责任。晋升可以提高员工士气（morale），提高生产率，同时鼓励员工留任。内部职位鼓励员工考虑新的角色。

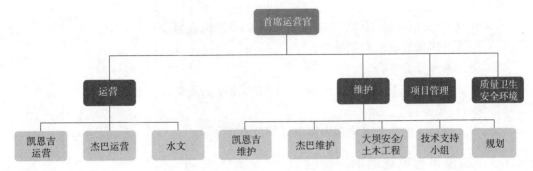

资料来源：主流公司。

图 10-14 凯恩吉—杰巴组织机构图

（2）强有力和创新性的培训计划（本地和国际）：培训计划旨在培养员工能力和提高生产力。担任主管职务的员工（staff in supervisory role）必须参加公司主办的外部培训和外部会议，以了解与其工作相关的当前趋势。在职培训也通过辅导（coaching）和师带徒制（mentoring）提供。

（3）通过与培训机构和其他公司的合作和联盟：主流公司（MESL）与类似业务流中的公司合作进行厂内知识转移和培训计划，例如加纳沃尔特河管理局（Volta River Authority，VRA）、尼日利亚国家电力培训学院（National Power Training Institute of Nigeria，NAPTIN）、ITF、国际大坝委员会（ICOLD）、POYRY、日本国际协力机构（JICA）和 Glomac 等国际机构。

（4）渐进式入职制度（Progressive on-boarding system）：主流公司（MESL）通过入职培训计划，加上对员工经验的持续参与和评估，提高员工在该公司的初次体验，包括如下活动：

1）数控系统和人机界面培训由中国电建（Power China）专家完成。

2）机械液压和电液执行器（mechanical-hydraulic and electro-hydraulic actuators）的操作规程由中国电建专家完成。

3）调速器系统比例—积分—微分（proportional-integral-derivative，PID）控制器的参数整定和变更由中国电建专家完成。

4）2G4 机组的水轮机转轮轮毂空蚀修复由奥地利的安德里茨公司专家完成。

5）发电机全面检修由日本日立/奥地利安德里茨完成。

6）受损发电机定子铁芯的修复由日本日立水电公司（Hitachi Hydro，Japan）完成。

## 10.3.4 运维的财务资源

年度运维活动的成本估算值每年都有所不同，这取决于要执行的具体项目。例如，2018 年年度运维活动的成本估算为 6.362 亿奈米（约合 180 万美元），而 2017 年的运维成本为 4.28 亿奈米（约合 120 万美元）。在这种情况下，年度运维成本的这种波动主要是由于 2018 年的维护活动量，其中包括采购发电机组和辅助设备的必要备件。

管理过程旨在确保公司优先任务并实现其年度目的和目标值，同时协调其年度预期收入与预期支出。

用于管理主流公司（MESL）年度运维预算的管理流程为：

（1）运维部门预算的编制和提交。

（2）提交给预算委员会。

（3）预算委员会审查并向主流公司（MESL）董事会提交以供批准。

（4）执行/实施。

（5）审计评估：由业务风险和内部审计部门进行。

## 10.3.5　实施该运维战略的经验教训

主流公司（MESL）在实施其运维计划时面临的一些挑战包括：

（1）某些市场参与者不遵守市场规则：尼日利亚政府最近指示市场监管机构—尼日利亚电力监管委员会（Nigerian Electricity Regulatory Commission，NERC）执行市场规则，制裁违约者（sanction defaulters）。

（2）尼日利亚电力市场不稳定：这是因为配电公司无法从消费者那里收取所有应计收入，导致应向发电公司支付的款项未完成。尼日利亚电力大宗贸易商（Nigerian Electricity Bulk Trader，NBET）缓解了这一问题，这是一个负责仲裁发电商和分销商之间纠纷的政府机构（government agency）。

（3）电网不稳定问题：导致过度振动、发电能力降低和涡轮叶片空蚀。尼日利亚电网调度员强制所有发电机在自由调节模式下运行，以稳定系统电网频率。

（4）水资源管理的挑战：主要与更大的极端气候事件有关；主流公司（MESL）已投资安装 IFS/OPT 软件，以优化水资源管理。

（5）由于原有设备陈旧（due to obsolescence）在采购备用设备时遇到困难：主流公司（MESL）目前正在与一家大型设备制造商合作，以确保及时供应关键部件或更新过时部件。

（6）与下游用水户和滨河社区的利益存在冲突：为了缓解与下游用水户的冲突，主流公司（MESL）正在实施一项更有效的洪水预警和敏感化项目。主流公司（MESL）还组织利益相关方会议，与受影响社区讨论其关注问题。

（7）出现一个竞争更加激烈的电力市场：尼日利亚电力市场竞争日益激烈，主流公司（MESL）正在采取措施，通过与西非电力联营（West Africa Power Pool，WAPP）电力市场内的合格客户签署双边协议，最大限度地扩大市场机会，主流公司（MESL）是该市场的一个公用事业成员。

## 10.3.6　挑战和未来方向

主流公司（MESL）计划采取如下措施，全面改进凯恩吉—杰巴水电站的运维流程和实践，包括：

（1）实施计算机化维护管理系统（computerized maintenance management system，CMMS），这是一个运维的优化工具，可协助维护管理来规划和执行定期的和纠正性的维护活动、维护技术信息、预算和成本控制等。

（2）实施以可靠性为中心的维护（reliability-centered maintenance，RCM），这是一种被广泛接受的优化水电资产可利用率和维护成本最小化的方法。以可靠性为中心维护（RCM）的研究将针对那些被视为至关重要的资产，这些资产因其运营成本高、维护成本高或可能对安全和环境（例如储油系统）造成严重后果。

（3）获得 ISO 9001 认证。主流公司（MESL）已采取措施以获得 ISO 9001 认证。聘请一个咨询公司实施这些措施以获得认证。

（4）优化来水预报系统和运行工具，以便更准确地进行洪水管理和发电预测。

（5）通过每月与下游用户举行利益相关方会议，并由能源部（Energy Ministry）协调，更好地理解和协调下游用户的运营。

（6）通过与监管部委（supervising ministry）进行讨论以更好地理解主流公司（MESL）的运营、制约因素和发展前景。最近举行了高级别讨论，要求电网调度员允许主流公司（MESL）更灵活地管理其运营，以便有效控制洪水，特别是在白洪水（雨季早期）来水期间。

主流公司（MESL）正在提高其装机容量恢复计划的原始目标之外的电厂总体容量，并计划到 2023 年增加 200MW。凯恩吉水电设施最初设计用于 12 台发电机组；到目前为止，仅安装了 8 台机组。对于其余的机组，已经建造了进水闸门、压力管道、基础和机械大厅的土木结构。200MW 的产能扩建将在大约 5 年内完成，预计 2023 年底开始商业运行。

注：本案例研究严格关注凯恩吉—杰巴水电站的运维方法。它不寻求解决这些地点可能存在或不存在的任何潜在大坝安全问题。据了解，尼日利亚提出了影响不同类型大坝的大坝安全问题，这是本书中未提及的更大挑战。

# 10.4　巴基斯坦的新邦逃脱水电项目

资料来源：拉莱布能源有限公司。

拉莱布能源有限公司（Laraib Energy Limited，LEL，以下简称拉莱布公司）是巴基斯坦第一家水电独立发电商（Independent Power Producer，IPP）即枢纽电力公司（Hub

Power Company，HUBCO，以下简称枢纽公司）的子公司（subsidiary），也是位于阿扎德查谟和克什米尔（Azad Jammu and Kashmir，AJ&K）的杰卢姆河（Jhelum River）上的 84MW 新邦逃脱（New Bong Escape，NBE）水电站的业主和开发商。枢纽公司（HUBCO）拥有拉莱布公司（LEL）75％的股份，在巴基斯坦国内拥有超过 2900MW 的投资组合。图 10 - 15 显示了枢纽公司（HUBCO）的组织机构图。

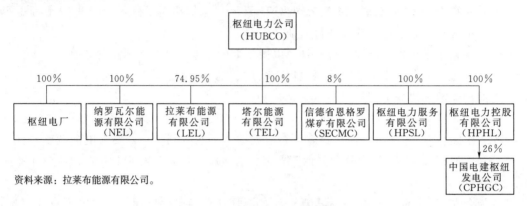

资料来源：拉莱布能源有限公司。

图 10 - 15　枢纽公司的组织机构图（枢纽公司的股份百分比）

## 10.4.1　现有机组状态

### 1. 水电设施概述

84MW 新邦逃脱（New Bong Escape，NBE）水电站项目为径流式设施（run - of - river facility），由四台 21MW 的机组组成，总装机容量为 84MW（表 10 - 10）。根据曼格拉大坝（Mangla dam）下游的灌溉需求，新邦逃脱（NBE）水电站利用的是上游 7km 处曼格拉发电站（Mangla powerhouse）受管制的下泄流量，并减去分配给杰卢姆上游水渠（Upper Jhelum Canal，UJC）的分流流量。新邦逃脱（NBE）水电站的入库水量主要通过泥沙很少的进水渠。

表 10 - 10　　　　　　　　　　　新邦逃脱水电站的主要特征

| 描　述 | 详　述 |
|---|---|
| 项目名称 | 84MW 新邦逃脱水电综合体 |
| 贡献机构 | 拉莱布能源有限公司（LEL），枢纽电力公司的子公司 |
| 项目类型 | 既有设施/总承包（EPC） |
| 位置 | 阿扎德查谟和克什米尔的米尔普尔区莱赫里村，杰卢姆河 |
| 设施年龄 | 7 年，2013 年 3 月 23 日起实现商业运行 |
| 设施类型 | 现有径流式 |
| 装机容量 | 4 台机组每台 21MW，合计 84MW |
| 年均发电量/(GW·h/a) | 470 |

资料来源：拉莱布能源有限公司（LEL）。

2. 设施的年龄

新邦逃脱（NBE）水电站于 2013 年 3
月 23 日投产，已运行近 7 年（图 10-16）。

3. 可利用率

新邦逃脱（NBE）的购电协议（power
purchase agreement，PPA）为期 25 年，
允许每年每台机组 480h 的计划停运和 133h
的强制停运，基准可利用率目标为 93%。
拉莱布公司（LEL）在新邦逃脱（NBE）
实施了运维的现代实践，例如基于机会的
维护（例如在河流低流量期间安排的维
护）、优化项目、零强制停机目标和分阶段

资料来源：拉莱布能源有限公司（LEL）。

图 10-16 新邦逃脱水电站鸟瞰

的工况监测计划，以实现最佳绩效和可靠性。鉴于实施这一战略，新邦逃脱（NBE）水电
站的可利用率水平在过去连续 3 年达到 98% 以上，第 7 年的可利用率目前为 99.98%。

在运营的第一年，出现了许多可靠性问题，这导致总体的可利用率低，包括：定子绕
组闪络（stator winding flashover）、发电机断路器闪络（generator circuit breaker flash-
over）、油头外壳泄漏（oil head housing leakages）和进水口叠梁闸门盖故障（failure of
intake stoplog hatch covers）。然而在解决这些问题之后，可利用率已经得到改善。

## 10.4.2 运维战略和合同模式

1. 运维的合同模式

拉莱布能源有限公司目前拥有 84MW 的新邦逃脱（NBE）水电站，该水电站是在建
设—拥有—运营—转让（build-own-operate-transfer，BOOT）机制下开发的。该项目
将在购电协议的 25 年期限结束时移交给阿扎德查谟和克什米尔政府。

目前拉莱布公司采用运维模式 3 用于新邦逃脱（NBE）水电站项目，即业主/特许权持
有人将运维规划和实施的几乎所有方面都委托给运维运营商。然而，由于该运维是由公司内
部的一个运维团队（Hub Power Services Limited，枢纽电力服务有限公司）进行的，尽管是
一个公平交易的合同协议（an arm's length agreement），但它与模式 1B 有许多相似之处。

根据贷款机构的要求，该公司最初于 2011 年 5 月与 TNB 马来西亚公司的一家分公
司，即 TNB REMACO 巴基斯坦分公司（TNB REMACO Pakistan）签订了一份运维协
议。该运维协议于 2018 年 3 月结束，之后枢纽电力服务有限公司（Hub Power Services
Limited，HPSL，以下简称枢纽电服公司）承担了运维运营商的角色。最初的运维协议有
一个条款规定，在运营的头五年后终止该运维协议。

根据枢纽公司（HUBCO）通过全资子公司（wholly owned subsidiary）管理其电力
资产运维的管理理念，枢纽电服公司（HPSL）❶ 以运维运营商的身份进行接管，以提高

---

❶ 枢纽电力服务有限公司（HPSL）是一支多元化、经验丰富的团队，拥有来自巴基斯坦其他水力发电厂和两座
火电厂的运维经验。新邦逃脱（NBE，84MW）是 HPSL 运维投资组合的第三个新成员。

安全保障，提高该电力资产的可利用率、可靠性和发电能力。该设施运维的接管过程是通过采用一个适用于关键活动过渡的系统方法实现的，如下所述：

（1）TNB REMACO（新邦逃脱的前运维运营商）的所有员工（自施工以来已经是新邦逃脱运维团队的一部分）均由枢纽电服公司留用；这些员工接受了总承包（EPC）合同商（SAMBU）的培训，并自 2013 年起一直在运营和维护该电厂。

（2）还对所有员工进行了培训需求分析（Training Needs Analysis，TNA），并根据其工作能力（competencies）分安排了适当的培训。

（3）拉莱布公司（LEL）的技术团队也被留用为枢纽电服公司（HPSL）的一部分，并接受了总承包（EPC）合同商（SAMBU）的培训；在过去七年中，该技术团队直接参与新邦逃脱（NBE）的施工、调试、测试和运营。

（4）在 TNB REMACO 巴基斯坦分公司与枢纽电服公司之间成立了一个联合指导委员会，以确保有效地完成过渡，其中进行了设备验证、召开了员工沟通会议、解释了其作用角色，并为员工组织了聘用事宜（engagement events）。

枢纽公司与枢纽电服公司（HPSL）关于该综合设施的运营、维护、测试和检查等方面达成的运维协议是一份成本加利润（cost - plus）的连续协议，每个服务期限的固定费用为 12 个月。尽管枢纽电服公司（HPSL）是一家团队公司，但该协议是在公平交易的基础上达成的。

2. 运维战略

新邦逃脱（NBE）水电项目是世界上首个实施全球知名的杜邦安全管理系统（Du-Pont Safety Management System）的水电设施，是巴基斯坦第一个在《联合国气候变化框架公约》（*United Nations Framework Convention on Climate Change*，UNFCCC）注册为清洁发展机制（Clean Development Mechanism，CDM）项目的水电项目。

拉莱布公司每年使用许多关键绩效指标（KPI）监控总体运维计划。然后确定年度预算，并定期评估目标值（表 10 - 11 和表 10 - 12）。目标值设定在如下领域：

（1）卫生、安全和环境（Health，safety，and environment，HSE）：

1）基于每年 1 次可记录工伤的总可记录工伤率（Total Recordable Injury Rate，TRIR）基准。

2）杜邦安全管理系统实施阶段。

3）确保符合适用的国家环境质量标准（National Environmental Quality Standards，NEQS）要求。

（2）运营。

1）可利用率（计划值对以前的展望值和购电协议目标值）。

2）发电量（计划值对以前的展望值和购电协议目标值）。

3）负荷系数（计划值对以前的展望值和购电协议目标值）。

4）电厂改进项目和其他特定项目。

5）企业社会责任（CSR）—当地社区的福利（卫生、教育、生计和社区有形基础设施）。

**表 10 – 11        卫生、安全和环境的关键绩效指标的范本**

| 指 标 描 述 | 财政年度（20××—20××） | | | 差值的原因 |
|---|---|---|---|---|
| | 计划值 | 实际值 | 差值/% | |
| 安全的人工小时数（×10^6） | 0.43 | | | |
| 总可记录工伤数 | 1 | | | |
| 总可记录工伤率 | 0.46 | | | |
| 损工工伤数 | 0 | | | |
| 死亡人数 | 0 | | | |

资料来源：拉莱布能源有限公司（LEL）。

**表 10 – 12        运营关键绩效指标的范本**

| 指标描述 | 购电协议 | 2017—2018 年度计划 | 2017—2018 年度展望 | 2018—2019 年度计划 |
|---|---|---|---|---|
| 发电量/(GW·h) | 470 | | | |
| 可利用率/% | 93 | | | |
| 负荷系数/% | 63.9 | | | |

资料来源：拉莱布能源有限公司（LEL）。

## 10.4.3　运维的人力资源

该运维团队在电厂厂址共有 69 名员工，其中包括一名电站经理（Station Manager）、一名运维主管（Head of Operations and Maintenance）、8 名部门经理（section managers）和 59 名运维员工。运营、机械/土建维护、电气/控制和仪表维护、项目和工程等领域的经理向运维主管报告。运维主管、卫生安全和环境经理、人力资源经理、财务经理和行政经理直接向电站经理报告，如图 10 – 17 所示。

新邦逃脱（NBE）水电站的组织结构简述如下：

1. 卫生、安全和环境（Health，safety，and environment，HSE）

卫生安全和环境（HSE）部门确保实施安全工作实践并遵守所有环境法规。卫生安全和环境部门（HSE）正在实施杜邦安全管理体系。

2. 运营和维护（Operations and maintenance）

运营团队负责维持该电厂的可靠运行，同时确保满足水电设备的技术参数和操作限制。运营部还负责向维护团队发放许可证，并确保与不同利益相关方保持联系。维护团队由机械、土建、电气、控制和量测团队组成，负责以最有效和最省时的方式执行计划停机和强制停机。

3. 项目和工程（Projects and engineering）

项目和工程团队负责分析电厂的绩效，领导电厂的改进项目，进行肇因分析，按照监管机构和贷款机构的要求进行报告，合并整合定期报告，基于以可靠性为中心的维护（RCM）最佳实践进行差距分析，确保文献控制，并为运维业务开发团队提供技术支持。

4. 人力资源（human resources）

人力资源团队负责监督该电厂所有运维员工的活动，包括基于价值观的绩效审查（merit – based performance reviews），员工联谊和联谊活动（engagement activities），员

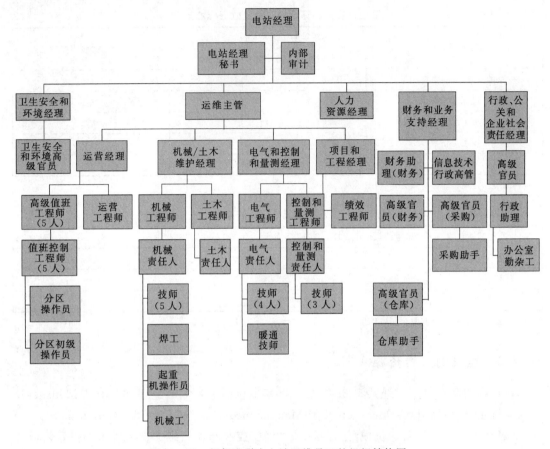

图 10-17　新邦逃脱水电站运维员工的组织结构图

工培训和开发，遵守公司关于但不限于薪水（salaries，一般指年薪）、工资（wages，一般指月薪或周薪）、福利等方面的政策，并确保有效的继任计划。

5. 财务（finance）

财务部门负责控制电厂的运维预算。它还确保税务合规（tax compliance），处理运营预算中的发票付款，并编制年度预算，作为提交给业主的年度计划的一部分。

6. 业务支持（business support）

业务支持部门负责监督支持服务的提供，包括采购活动和采购程序以及仓库的维护。它确保库存清单管理，以便在维修停机期间及时使用备件和消耗品。技术服务和信息技术服务亦由本部门负责。

7. 行政管理（administration）

新邦逃脱（NBE）的行政部门负责设施管理，包括办公区和住宅区。这适用于但不限于行政事务、食品、相关服务、园艺、关于复杂保养（complex upkeep）的基于项目的任务等。行政部门还与政府部门，特别是劳工部门保持联系。

拉莱布公司（LEL）的薪酬是通过美世（Mercer）公司每年进行的一项研究，与巴基斯坦头部公司（leading company）的可比职位进行对比的，美世公司是一家值得信赖的人力资源和关于财务顾问、产品和服务等业务的全球领导者。拉莱布公司（LEL）因其企业文化、环境、政策和程序而被公认为市场上最好的雇主之一。

8.运维培训

每年进行一次员工培训需求分析（Employee Training Need Analysis，TNA），用于技术开发和软技能开发。在培训需求分析的基础上，为所有员工设计了一个培训日历。此外，年内还利用教室式培训、远征培训等各种各样场地，为运维部门提供基于特定需求的培训。工程师们被派去进行维护规划培训和以可靠性为中心（RCM）的培训，同时操作员/技师和技工（operators/technicians and millwrights）则参与现场培训。另外，所有员工都参加各种技能培训课程，课程主题包括领导技能、谈判技能、沟通技能、项目管理等方面。

员工可通过外部培训和内部培训随时了解最新技术，包括数字化的改进或工况监测方面的进步。拉莱布公司（LEL）已与安德里茨水电公司（Andritz Hydro）签署了一份技术服务协议（Technical Services Agreement，TSA），该协议提供了关于水电项目的培训、知识和学习课程，并分享在类似设施进行的肇因分析和改进项目。

为了与全球行业圈（global community）保持联系，该团队充分利用国际水电协会（IHA）的资产管理知识网络（Asset Management Knowledge Network），并参加网络研讨会，了解水电行业的最新趋势。除了内部培训机会之外，运维员工还参与了许多旨在培养和提高其技能的公司活动，包括员工联谊调查、与员工的绩效和潜力相关的奖励计划、经常性的团队建设活动，加上与高级管理层的沟通课程、就业培训、师带徒制（mentorship）和专门技能辅导（coaching）等。

一个继任规划系统也已经建立。该继任规划系统已经到位，即通过在职培训（on-the-job training）、师带徒制和专门技能辅导、短期任务、跨职责交流活动（cross functional activities）等，建立并开发一个健康的和可持续的人才通道。一个强大的继任规划系统的存在防止了任何问题的发生，因为替代者总是出现在该团队中。

## 10.4.4　运维的财务资源

运维运营商向业主/特许权持有人提交一个年度计划，并据此编制运营预算，并由贷款机构批准。年度计划包含与电厂改进项目相关的期望的运维升级。此后，公司计划由董事会制定并批准。每季度组织一次季度工作会议和董事会会议（stewardship and board meetings），分析业绩并指导该公司计划的实施。年底将年度预算与季度费用进行核对，并与年初批准的年度计划进行比较。

该运维的预算范围每年在 250 万～300 万美元，占新邦逃脱（NBE）水电项目成本的 1.1%～1.3%。

## 10.4.5　实施该战略获得的经验

枢纽公司（Hubco）通过枢纽电服公司（HPSL）管理水电资产的公司理念对新邦逃脱（NBE）电力综合体的运营和维护实践产生了重大的积极影响，包括：

（1）提高了电厂的总体可靠性。

（2）通过在所有层级实施各种持续改进计划，在运营方面达到优秀水平。

（3）提高了员工敬业度和留任率（engagement and retention）。

（4）枢纽电服公司（HPSL）雇佣的原运营商员工的 100％留任。

（5）实施了安全管理体系（杜邦）。

（6）通过利用总部和各个站点的专业知识，实现了运营、人力资源、财务和信息技术（IT）的协同效应。

（7）由于与该运维团队更好地协调，提高了与贷款机构和其他监管机构的合规性。

（8）枢纽电服公司的运维团队从巴基斯坦的其他两个电厂获得宝贵经验：枢纽火电厂（燃油发电厂—1292MW）和纳洛瓦尔火电厂（Narowal，燃油发电厂—225MW）。

（9）枢纽电服公司通过从巴基斯坦国内吸引、雇用和留用具有很高工作能力和经验的专业人员来加强其团队。

### 10.4.6　挑战和未来方向

新邦逃脱（NBE）是一个相对较新的设施，具有最新的技术并安装了监测设备。然而电厂老龄化可能是未来的一个重大挑战。目前正在积极开展工作，并正在与全球自动化领导者进行讨论，以设计一种预测方法来解决这一问题。

使用专家系统和预测性分析的一种先进工况监测方法将纳入对特定部件故障的诊断。这种方法将产生对潜在设备故障的早期探测，并通过提供更好的风险管理战略来最终避免计划外停机。

目前，$SF_6$ 开关站的专业知识并不容易获得，如果需要进行大修，则需要外部技术援助。同样重大全面检修也需要外部专家的帮助。为缓解这一问题，已与安德里茨水电公司（OEM Andritz Hydro）正式签订了一份技术服务协议（TSA），以便在需要时提供技术援助。

拉莱布公司（LEL）是新邦逃脱（NBE）水力发电厂的开发商和业主，是该国第一个水电独立发电商，已经为私营部门水电站的进一步开发铺平了道路。该地区有数座水电站正处在开发和施工阶段，预计到 2025 年，该国国家电网将新增 8000～10000MW 水电站的发电能力。拉莱布公司（Laraib Energy Limited）是巴基斯坦电力行业的主要参与者，正在积极探索投资可再生能源项目的机会，包括径流式/中型水电、风能、太阳能和风光混合项目。

## 10.5　乌干达纳鲁巴莱—基拉水电综合体

资料来源：乌干达发电有限公司。

乌干达发电有限公司（Uganda Electricity Generation Company Ltd.，UEGCL）对南非国家电力公司乌干达有限公司（Eskom Uganda Limited，EUL，以下简称南乌公司）的基拉（Kiira）和纳鲁巴莱（Nalubale）发电站实施了一份为期20年的运营、管理和维护特许权协议（表10-13和图10-18）。南非国家电力公司（Eskom）将其发电业务出售给乌干达输电有限公司（Uganda Electricity Transmission Company Limited，UETCL）。

表 10-13　　　　　　　　　　纳鲁巴莱—基拉水电综合体的主要特征

| 水电站名称 | 设施类型 | 位置 | 年龄/a | 装机容量 |
|---|---|---|---|---|
| 纳鲁巴莱 | 径流式 | 白尼罗河水系，接近维多利亚湖的源头 | 65 | 10台机组每台18MW，总计180MW |
| 基拉 | 径流式 | | 19 | 5台机组每台40MW，总计200MW |
| 年均发电量/(GW·h/a) | | | | 1424 |

资料来源：南非国家电力公司乌干达有限公司（EUL）。

## 10.5.1　现有机组状态

### 1. 设施的年龄和工况

纳鲁巴莱水电站（图10-18）的发电机组安装于1954—1968年，1990—1996年又进行了翻新。目前有相当数量的部件已经过时（obsolete），由于没有备件，很难更换。在纳鲁巴莱电厂最近的现代化改造中，油断路器被 $SF_6$ 断路器取代，所有机组上安装了新的模块化保护继电器（new modular protection relays），馈线和所有直流供电体系（feeders and all DC power supply systems）都进行了翻新。

基拉（Kiira）水电设施的发电机组安装于2000—2006年。当时安装的大多数设备被认为是最新的。然而由于技术的迅速进步，目前大多数电子设备将在大约10年内过时，由于这些部件缺少备件，需要更换。已经更换了大量的部件，包括机组保护、机组励磁、机组调速器，以及部分监控和数据采集（supervisory control and data acquisition，SCADA）系统。

### 2. 纳鲁巴莱—基拉水电综合体的联合运行

纳鲁巴莱—基拉水电站的运营取决于维多利亚湖（Lake Victoria）的调节流出量。鉴于维多利亚湖是乌干达、肯尼亚和坦桑尼亚共享的一座天然水库，水资源管理局局长（Directorate of Water Resources Management）负责确定发电的放流量。在分配放水量时，必须遵守与下游国家（包括埃及）签订的现有放水条约（Existing water release treaties）。一旦发放了取水许可证，允许的泄水量被用来确定发电量，以满足目前负荷要求。

在乌干达，所有发电厂大于5MW的电力必须出

资料来源：乌干达发电有限公司。

图 10-18　纳鲁巴莱水电站
（183MW）

售给乌干达输电有限公司（Uganda Electricity Transmission Company Limited），即一个输电实体。通常情况下，纳鲁巴莱（Nalubale）电厂的运营频率高于基拉（Kiira）水电站，因为它由 10 个卡普兰机组组成，这些机组具有与日负荷曲线相匹配的额外能力，而基拉（Kiira）电厂只有 5 个固定叶片机组。联合运行主要是一个人工过程，这有利于利用纳鲁巴莱水电站，除非由于停机而无法使用。

3. 可利用率

根据合同规定，纳鲁巴莱和基拉综合体的可利用率保持在 94%～97%。纳鲁巴莱和基拉综合体的综合平均年发电量为 1424GW·h/a。纳鲁巴莱水电站的出力系数为 48%～55%，而对于基拉水电站的出力系数为 35%～40%。

## 10.5.2　运维战略和合同模式

1. 运维的合同模式

乌干达政府与乌干达发电公司（UEGCL）合作，向南非国家电力公司（Eskom）的一个子公司南非乌干达有限公司（EUL）授予了一个为期 20 年的运营、管理和维护特许经营权，涵盖了纳鲁巴莱水力发电站及其邻近的基拉水力发电站。该特许经营权协议始于 2003 年，所产生的电力出售给乌干达输电有限公司（UETCL）；该协议于 2023 年 4 月 1 日到期。

在模式 3 的该特许经营权协议中，所有运维责任由私营运营商南乌公司（EUL）在一个固定期限内承担。乌干达发电公司（UEGCL）监督水电资产健康状况，并承担所有被视为灾难性的风险。业主向电力监管局（Electricity Regulatory Authority，ERA）报告执行的绩效标准，特别是在发电许可证绩效目标值的定期更新期间。

运维运营商即南乌公司（EUL）承担所有的运营风险，并调动所有必需的资本资金，在投资激励结构下保持水电资产处于良好状态，并在合同期内基于所有经核实投资获得 12% 的投资回报❶。"公用事业审慎做法"（Utility Prudent Practices）通常是资产维护的衡量标准（yardstick）。到目前为止，鉴于审慎做法的界定宽泛（broad definition），南乌公司（EUL）和乌干达发电公司（UEGCL）之间的现有合同中尚未界定这些做法的具体细节。

2. 总体运维战略

南乌公司（EUL）为维护纳鲁巴莱—基拉水电综合体而采用的通用方法如下：

一般性维护和全面检修在每台机组 36 个月周期内的 30d 停机期间进行。这针对前述停机期间框定的和规划的所有重大修理/更换和重大变更（repairs/replacements and modifications）。这类工作任务涵盖了子系统全面检修和诸如更换卡普兰叶片密封件等重型机械工作任务。

在 18 个月周期内的 15d 停机期间，对每个机组子系统进行详细检查（Detailed inspections），以确定机组工况，进而确定 36 个月维护计划表的优先等级。在较短的停机期间，完成了转子杆重新绝缘等活动的详细技术评估。

关键绩效指标包括可利用率、可靠性、失时工伤率、漏油、废物处理、水质、保安和年度利润等。对这些关键绩效指标进行审查，并且每月和每年向监管机构发送一份报告，

---

❶ 南非乌干达公司（Eskom U Ltd）进行的任何资本置换均通过资产折旧加上 12% 的投资回报进行回收。

根据关键战略举措（如许可证合规性、创新、可持续能力等）跟踪业务绩效。该定期审查的意图是持续不断地向一个维护保养的环境发展，确保以最佳方式维护该水电资产。

### 10.5.3 运维的人力资源

维护员工负责实施通用性维护和一般性变更，鉴于当地市场缺乏经验丰富的承包商，诸如涡轮转轮轮毂的加工和全部子部件更换等专业性工作则外包给国际性公司。平均大约有120名当地员工长期受雇于南乌公司（EUL）。目前技术员工与支持员工的比例为80%左右的技术员工和20%左右的支持员工，这被认为是电站内部一个合理的员工分布。

技术员工以部门的形式（directorate format）组织起来，由技术总监直接负责维护经理、运营经理和项目经理。经理们各自有工程师、技师和技工（artisan），其团队中有专门执行操作或维护活动的员工。

维修员工分为电气、机械和土建3个部门（section），由部门负责人领导，并向维修经理汇报。工程员工在维修部门工作，负责规划、故障排除（troubleshooting）、变更设计等。定期维修保养主要由技师和技工承担。

1. 培训和招聘战略

乌干达发电公司（UEGCL）内部的主要招聘战略是与当地大学和区域其他培训机构密切合作：例如卡福峡区域培训中心（Kafue Gorge Regional Training Centre）是非洲最受尊敬的培训中心之一，拥有培训轮班值班操作员的必要设施。

利用继任规划进行知识转移，并进行培训需求评估，为运维员工制定培训计划。为确保更多高级员工向新员工传授技能，电力监管局（ERA）推出了一项培训计划，为纳鲁巴莱水电站的10名受训学员和基拉水电站的10名受训学员招聘并提供为期3年的培训。虽然电力监管局的培训倡议仅运行2年，但某些研究生受训学员已成功完成该计划，并在南乌公司（EUL）获得长期性就业。

员工在母公司（南非国家电力公司，Eskom）任职，并受高级人员监督。这些被称为"延伸"任务，涵盖了大部分的关键监督职责，包括针对关键战略会议受训学员的年度预算流程。关于领导能力和监督责任的代表团也能受到鼓励。

### 10.5.4 运维的财务资源

运营商，即南乌公司（EUL，也是本协议中的特许经营权持有人）每4年向电力监管局提交一份经审查和批准的运维计划和运维预算。该计划每年确认一次，并由该运营商和监管机构共同商定。年度总体运维预算平均每年700万美元。这大约是两个水电项目资本成本的1%，即每千瓦建筑成本承担2000美元。

### 10.5.5 实施该运维战略获得的经验

根据目前与南乌公司（EUL）签订的这份20年运维合同，乌干达发电公司（UEGCL）既经历了挑战又获得了成功。当前运维战略的一些积极方面包括：

（1）知识转让——南乌公司（EUL）促进了从学术机构向大量受训学员知识转让和技能转移，这是实习项目（internships programs）的通常行业惯例的一部分。

（2）现代化——运营商已经对一些关键电厂体系进行了现代化改造，尽管其速度比合同签订时预期的要慢。这些改进减少了纳鲁巴莱电厂强迫停运的次数。

### 10.5.6　挑战和未来方向

当前运维安排中的一些主要挑战包括：

（1）鉴于审慎做法的通用定义，在缺乏适当的定性或定量评估的情况下，无法全面评估与南乌公司（EUL）达成运维合同安排的成功之处。目前正在讨论修订该合同，以改进以资产管理为重点的合同执行措施。

（2）鉴于技术发展迅速，采购周期长，因此需要不断储备备件，以避免因强制停机而造成发电损失。

（3）自 1964 年首次出现裂缝以来，纳鲁巴莱水电站的碱硅酸盐反应（混凝土膨胀）一直是（并将继续是）一个技术问题，造成该土木结构的预期寿命显著缩短。因此从已经进行的可行性研究项目开始，已着手对发电站进行全面改造。

（4）由于正在进行的工业化，竞争对手对技能型员工的需求量很大，因此技能保留仍然是一个挑战。因此有必要不断提供在职培训和有竞争力的工资，以留住有技术的工作人员。

一般来说，私营部门主导的其他形式可再生能源投资的出现，主要来自季节性河流上的太阳能光伏和其他小型水电项目，这就导致尼罗河大型水电项目的调峰需求和启动/停止周期增加。这种额外的调峰需求最终将导致水力发电机组设计寿命的缩短，特别是基拉水电站，其原设计适用于基荷工况。由于这些机组为卡普兰型，且易于跟踪需求，因此对纳鲁巴莱机组的影响不那么显著；即每个机组的运行范围为 6～18MW，提供了一个健康充足的储备（a healthy margin of spinning reserve）。

展望上述挑战，纳鲁巴莱—基拉水电站综合体的一个现代化计划正在编制中，主要聚焦于优化两座电厂，以提高其发电厂的发电效率，并为纳鲁巴莱电厂的混凝土膨胀问题找到一个长期的解决方案。

## 10.6　乌拉圭/阿根廷的萨尔托—格兰德水电综合体

资料来源：萨尔托—格兰德水电综合体。

萨尔托—格兰德联合技术委员会（Comisión Técnica Mixta of Salto Grande，CTMSG，以下简称萨格联委会）是一个由乌拉圭和阿根廷共同拥有的两国双边共用设施。在这种安排下，该综合体以一种统一的方式运营，有两个独立的负荷调度中心（load dispatch centers）。该运维项目由萨格联委会（CTMSG）的员工执行。

表 10-14 概述了萨尔托—格兰德水电综合体（Salto Grande Complex，SGC，以下简称萨格水电站）的一般特征：年均发电量由两个国家等额分配。

表 10-14　　　　　　　　　　萨尔托—格兰德水电综合体的主要特征

| 水电站名称 | 设施类型 | 位　　置 | 年龄/a | 装机容量 |
|---|---|---|---|---|
| 萨尔托—格兰德 | 蓄水发电 | 位于乌拉圭河，阿根廷地处靠近康科迪亚；乌拉圭地处萨尔托；由两国共享 | 40 | 14 台机组，每台机组 135MW，合计 1890MW |
| 年均发电量/(GW·h/a) | | | | 8542 |

资料来源：萨尔托—格兰德水电综合体。

## 10.6.1　现有机组状态

1. 设施的年龄和概述

萨格联委会（CTMSG）是阿根廷共和国（República Argentina）和乌拉圭东部共和国（República Oriental del Uruguay）创建的，负责在萨尔托—格兰德地区运营乌拉圭河上的萨尔托—格兰德水电站综合体（图 10-19）。

资料来源：萨尔托—格兰德水电站综合体。

图 10-19　左岸鸟瞰（溢洪道和电厂厂房）

自 1946 年该委员会成立以来，它一直负责所有的研究和水电项目。1974—1979 年，萨格联委会（CTMSG）负责萨尔托—格兰德水电站综合体的施工和投产调试，这是拉丁美洲第一个双边联合水电项目。

萨格水电站（SGC）位于阿根廷的康科迪亚市（Concordia）和乌拉圭的萨尔托市（Salto）上游数公里处，距阿根廷首都布宜诺斯艾利斯市（Buenos Aires）470km，距乌拉圭首都蒙得维的亚市（Montevideo）520km。萨格水电站（SGC）由 14 台轴流式水轮机（Kaplan turbines）组成，每台机组额定容量 135MW，总装机容量为 1890MW。它还包括一个 500kV 互联环，有 350km 的输电线路和 4 个变电站，处理能力为 1300MVA，从 500kV 变压到 132kV 或 150kV。该综合体的总库容为 55 亿 $m^3$。有时当一个国家需要较少的电力，而另一个国家需要更多的电力时，该设施可以作为国际互联互通工作，允许两国之间进行电量贸易。

2. 水电装备的可利用率

截至 2018 年，萨尔托—格兰德水电站向阿根廷电网供电 191.5GWh，向乌拉圭电网供电 126.5GW·h。虽然能源在这两个国家之间平等分配，但乌拉圭的能源通常过剩，并将其过剩电量出售给阿根廷。

在过去两年中，年均可利用率分别为 94.3%（2017 年）和 95.6%（2016 年），总平均可利用率（1983—2017 年）为 93.4%。

较低可利用率期间归因于每年有两台水电机组的计划维护停机（14 台机组中有 13 台可供 5.5 个月使用）和其他定期的维护停机（每台机组 4～5d）。拦污栅清理也需要其他停机，以减轻影响可利用水头和功率的水力损失。

萨格水电站（SGC）的一些独特功能包括：

（1）站点场地和设备由乌拉圭和阿根廷共同拥有。

（2）这两个国家平分发电量和电力。

（3）萨尔托—格兰德在两个负荷调度中心之间进行综合协调。

（4）两国的电网都由萨尔托—格兰德的输电线路连接起来。

（5）萨尔托—格兰德为两国的一次频率控制和二次频率控制做出了重大贡献。

（6）运营和维护由一个两国双边团队进行。

## 10.6.2　运维战略的合同模式

萨尔托—格兰德的运维项目按照运维模式 1A 构建，其运维针对乌拉圭和阿根廷两国之间的一个公共双边协议。萨尔托—格兰德综合体是 100% 公有制，平等分享国家所有权。运维是利用内部资源，并在适用于特殊工程时获得某些小型承包商支持（冶金工程、一般性清洁等）。

1. 运维战略

在其 40 年的运维经验中，萨尔托—格兰德在枯水季节每年都会关闭两台机组进行有计划的维护。此外还应协调由较短停机期（4～5d）组成的一个定期维护计划，并与较低流量期间一致。所进行的预测性维护计划和监测是基于各种各样指标，其中涵盖了：在线振动，局部放电控制，热成像，用油分析，温度趋势和压力趋势，涡轮指数测试，金属关键区域的液体渗透检测、磁粉探伤、超声波探伤等无损检测。

所有资产都由一个企业资产管理系统（enterprise asset management system，EAM Infor）进行管理，该系统是一个平台，该平台帮助萨尔托—格兰德优化其资产记录和资产干预分析，确保环境安全和人身安全，同时减少工作时间和成本，并为工作人员发放许可证。企业资产管理（EAM）研究的补充手段是关键设备的以可靠性中心维护（RCM）分析、水电评估法（HydroAMP）的工况评估（见图10-20）以及涡轮机和发电机制造商的评估。定期维护、改善型项目和设备升级的规划由一个综合性的规划工具来进行管理，并由所有团队成员都参与其中。

水电评估法（HydroAMP）❶ 指南，即"利用工况评估和基于风险的经济分析进行水电资产管理（Hydropower Asset Management Using Condition Assessments and Risk - Based Economic Analyses）"已被用来评估水电设备的工况，并对投资优先等级排序。

如图10-20所示，设备工况指数表示0～10的值，其中0～3表示"差（poor）"，3～6表示"边缘（marginal）"，6～8表示"合理（reasonable）"，8～10表示"好（good）"。

| | 部件 | 右 岸 | | | | | | | 左 岸 | | | | | | |
|---|---|---|---|---|---|---|---|---|---|---|---|---|---|---|---|
| | | U13 | U1 | U2 | U3 | U4 | U5 | U6 | U7 | U8 | U9 | U10 | U11 | U12 | U14 |
| 水轮发电机 | 涡轮机 | 8.8 | 8.8 | 8.8 | 8.8 | 8.8 | 8.8 | 8.8 | 8.8 | 8.8 | 8.8 | 8.8 | 8.8 | 8.8 | 8.8 |
| | 调速器 | 6.9 | 6.9 | 6.9 | 6.9 | 6.9 | 6.9 | 6.9 | 6.9 | 6.9 | 6.9 | 6.9 | 6.9 | 6.9 | 6.9 |
| | 发电机转子 | 6.8 | 6.8 | 6.8 | 6.8 | 6.8 | 6.8 | 6.8 | 6.8 | 6.8 | 6.8 | 6.8 | 6.8 | 6.8 | 6.8 |
| | 发电机定子 | 6.1 | 6.1 | 6.1 | 6.1 | 6.1 | 6.1 | 6.1 | 6.1 | 6.1 | 6.1 | 6.1 | 6.1 | 6.1 | 6.1 |
| | 励磁系统 | 3.9 | 3.9 | 3.9 | 3.9 | 3.9 | 3.9 | 3.9 | 3.9 | 3.9 | 3.9 | 3.9 | 3.9 | 3.9 | 3.9 |
| | 变压器 R 相 | 7.1 | 7.8 | | 7.1 | | 7.1 | | 7.8 | | 6.7 | | 7.1 | | |
| | 变压器 S 相 | 6.0 | 7.1 | | 7.1 | | 7.8 | | 7.1 | | 7.1 | | 7.8 | | 7.1 |
| | 变压器 T 相 | 6.0 | 7.1 | | 7.1 | | 7.8 | | 7.1 | | 7.1 | | 6.7 | | 6.0 |
| | 断路器 | 10.0 | 10.0 | 10.0 | 10.0 | 10.0 | 10.0 | 10.0 | 10.0 | 10.0 | 10.0 | 10.0 | 10.0 | 10.0 | 10.0 |
| 辅助设备厂区 | 拦污栅 | 7.3 | 7.3 | 7.3 | 7.3 | 7.3 | 7.3 | 7.3 | 7.3 | 7.3 | 7.3 | 7.3 | 7.3 | 7.3 | 7.3 |
| | 叠梁 | 7.7 | | | | | | | | | | | | | |
| | 取水口闸门 | 6.4 | 6.4 | 6.4 | 6.4 | 6.4 | 6.4 | 6.4 | 6.4 | 6.4 | 6.4 | 6.4 | 6.4 | 6.4 | 6.4 |
| | 桥式起重机 | 5.4 | | | | | | | 5.4 | | | | | | |
| | 上龙门起重机 | 4.4 | | | | | | | 4.4 | | | | | | |
| | 下龙门起重机 | 4.4 | | | | | | | 4.4 | | | | | | |

资料来源：萨尔托—格兰德水电综合体。萨尔托—格兰德中央评估和现代化研究（2016年）。

图 10-20　水电评估法（HydroAMP）的工况评价范例

萨尔托—格兰德以两国之间关键基础设施专业机构和国际最佳实践提出的建议为基础，制定了与 NIST CSF（ISO/IEC 27001：2013，COBIT 5，NIST 800-53修订第四版）一致控制的一个行动计划。还值得注意的是，已经制定了一个应急行动计划（Emergency Action Plan，EAP），通过该计划，任何工作人员如果观察到触发交流和减缓行动的一个警报或一种风险形势，必须通知首席运营值班负责人（Chiefs of Operation Shift）。

2. 萨尔托—格兰德综合体的现代化

自2003年以来，萨格水电站（SGC）一直在进行一项多年的现代化项目，在过去15

---

❶ hydroAMP 的目标是创建一个流水线框架（framework to streamline），简化客观评估水电设备工况的方法，适用于支持资产决策和风险管理决策。

年中投资约 8600 万美元。如下的设备现代化已经完成：

（1）主断路器和机组励磁系统。

（2）厂房通风系统。

（3）厂区污水处理系统。

（4）发电机保护装置。

（5）新的主变压器组和一个更换机组的购置。

（6）泄洪闸。

（7）排水系统翻新。

（8）新的管理系统（水文、维护、管理）。

（9）水文气象站改造。

长期计划（未来五年预算为 8000 万美元）中需要翻修的其中一些主要部件包括：

（1）电厂控制和监控系统的数字化，所有控制和监控设备的集成。

（2）调速器的更换和现代化。

（3）励磁变压器的更换。

（4）桥式起重机和龙门起重机（bridge crane and gantry crane）的改造。

（5）主变压器整修。

（6）排水系统泵的更换。

（7）柴油应急发电机的翻新和现代化。

### 10.6.3　运维的人力资源

1. 运维的人员编制配置（staffing）

目前运维部门的总人员编制为 150 人，其中包括：

（1）维修员工 84 人，其中机械工程师 9 人，电气和电子工程师 6 人，技术工程师（technological engineer）8 人，技师（technician）61 人。

（2）运营员工 66 人，其中运营工程师 13 人，技术工程师 2 人，全职技师 3 人，24/7 轮班技师 48 人。

此外还有输电部门员工（84 人），信息技术和通信部门（25 人），水文、大坝、水库、环境和资产管理部门（42 人），会计、采购和设施管理部门以及人事综合部门的员工等。

2. 运维员工的招聘（staff recruitment）

招聘是根据特定专业领域的资格（qualification），通过公开（内部或外部）招聘进行的。为了提高未来雇员的资格和技能，已经与技术学院和当地大学签订了协议，在这些学校里推广课程、技术访问、实习（internships）和项目。教育机构举办研讨会，向学生介绍在萨尔托—格兰德就业所需要的资格。

提供各种各样主题的维护培训，其中包括起重机操作员认证、焊工认证、无损检测认证（certification in non - destructive testing）、目视检查、振动分析（vibration analysis）、涡轮技术课程、环境管理和工业安全等。

为新员工提供操作培训（operational training），新员工应与经验丰富的操作员进行至少 5 个月的配对培训。轮班团队包括一个受训学员职位。根据职业资格按照工作能力分配职责。在操作员晋升到更大职责的职位之前，必须通过额外的测试。

萨格水电站（SGC）作为这两个国家的一个工业领导者，在战略上对乌拉圭和阿根廷的能源需求供应具有同等的重要性，这在该公司内部产生了一种忠诚感，这种价值观在组织机构文化中始终得到考虑和增强。所提供的合理工资和福利作为留住员工的一种激励措施。此外，萨格水电站（SGC）还鼓励支持国内培训和国际培训、参加业务会员大会、研讨会和对其他设施的技术访问。

萨格水电站（SGC）内部的知识转移虽然没有系统性地实施，但通过由经验丰富的专业化体系的人员领导的年度内部研讨会来实现，例如调速器、加压油系统、水闸、密封件、轴承、无损检测、焊接等。

使用以可靠性为中心的维护（RCM）在知识转移中发挥了重要作用。关键设备的分析由具有不同专业领域的技师来进行。其分析任务由团队承担，其中包括初级技术员和高级技师，以促进知识转移。在操作方面，不再在轮班组工作的有经验员工通常被分配到培训任务中。

### 10.6.4　运维的财务资源

表 10 - 15 总结了基于过去 3 年（2016 年、2017 年和 2018 年）平均值的年度维护和运营成本。

表 10 - 15　　　　　　　　　　运　维　年　度　支　出　　　　　　　　　单位：美元

| 年度支出 | 维　　护 | 运　　营 |
| --- | --- | --- |
| 水电资产 | 2,740,000 | 1,270,000 |
| 职能 | 1,580,000 | 280,000 |
| 人员费 | 6,034,000 | 4,964,000 |
| 合计 | 10,354,000 | 6,514,000 |

资料来源：萨尔托—格兰德水电综合体。

人员费用包括可变费用，如旅费津贴、加班费和薪金等。

在过去 3 年中，支出约占计划年度预算的 85%，部分原因是预算是以美元编列的，大部分费用是以贬值的当地货币支付的。采购过程中也存在一些低效现象。

萨格水电站（SGC）的估算总投资价值（基于重置成本）约为 40 亿美元。因此，1690 万美元的运维预算约占水电项目资本成本的 0.42%。

1. 运维预算的管理

该组织由一个理事会（directorate）组成。每个国家由 3 名政府代表组成联合技术委员会（Joint Technical Commission，CTMSG 是西班牙语简称）。

该组织由两名总经理（每个国家各一名）和 6 个具体工作职能各一名经理组成：运营、输电和资源（由阿根廷出任），发电、工程和规划、会计（由乌拉圭出任）。运维预算由每个业主国家平均分摊：即乌拉圭 50% 和阿根廷 50%。

图 10 - 21 和图 10 - 22 分别阐述了运营和发电业务的组织结构图。

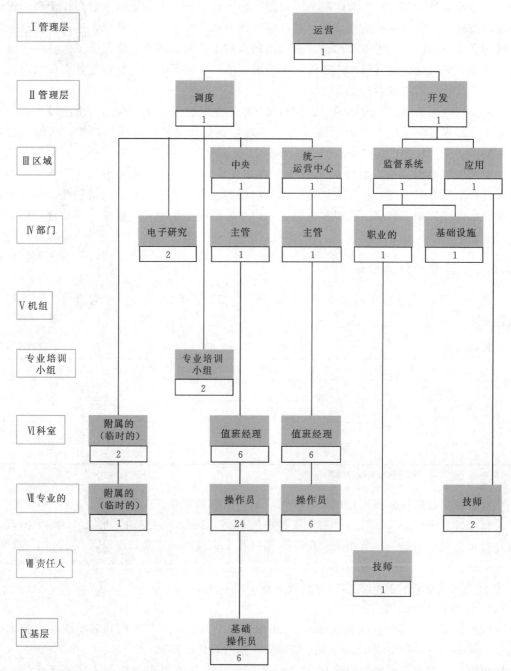

资料来源：萨尔托—格兰德水电综合体。萨尔托—格兰德人事资源领域。

图 10-21　运营的组织机构图

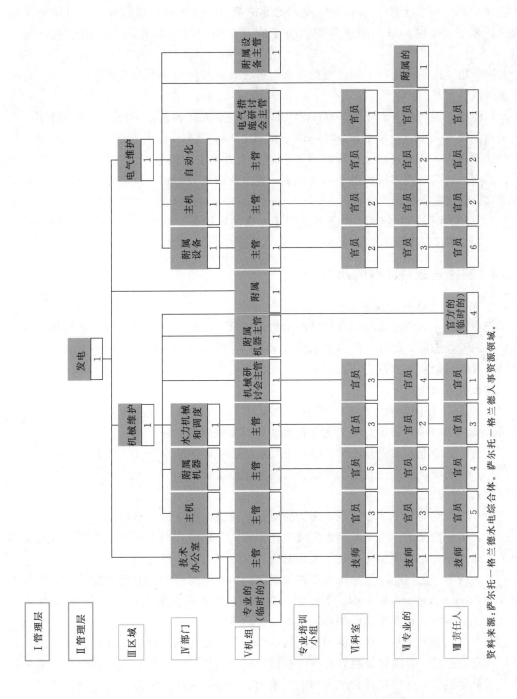

图 10-22 发电业务组织机构图

资料来源:萨尔托一格兰德水电综合体。萨尔托一格兰德人事资源领域。

每位经理提出一份可变的运维费用和资本投资年度预算，由管理层批准，然后再向萨格联委会（CTMSG）提出，萨格联委会（CTMSG）随后批准总预算。共同费用由两国各负担一半。所有土建工程和发电资产的维护费用以及任何运维研究和项目的费用均由每个国家平均支付。每个国家负责其员工的薪水和不被视为共同费用的任何开支与投资。

共同费用、人事费用和小额投资的资金由各方政府根据当年的现金流需求，通过资金转移支付该项预算。

斯坦泰克—雅塔萨（Stantec - Iatasa）于 2015—2016 年编制了一份全面改造计划，并由泛美开发银行（Inter - American Development Bank，IDB）提供资金，计划之中有一份详细的诊断报告，其中包括分析增加能源生产和电力供应的机会。由于投资将在 25 年内进行，因此从泛美开发银行获得了一笔贷款，并由两国平分承担。这笔初始贷款将为前五年的现代化建设提供投资。

2024—2043 年这 20 年所需的长期现代化方案的筹资是一项挑战，今后五年将与两国政府、国际金融实体和供应商一起解决。

## 10.6.5　实施该战略获得的经验

### 1. 当前运维战略的积极方面

承担萨尔托—格兰德水电项目运维的双边组织最大的成功在于其实现技术卓越的能力和其员工的专业态度。此外，萨格水电站（SGC）在两国电力系统中的战略重要性和经济重要性使其有可能从两国政府获得资金，以满足年度预算需要。

其他积极方面包括：

（1）在这 40 年的运营经验和运营程序的支持下，主要维护做法得到了改进，提供了对设备及其性能的卓越知识。对老化设备的监控可实现早期故障检测。

（2）与内部专业人员进行故障排除，成功解决了技术问题。

（3）计划的维护停机已经成功协调并与河流年流量较低期间一致（11 月至次年 3 月），减少了收入损失。

当前运维策略的其中某些缺点，和为应对这些挑战而探索的战略包括：

（1）在某些情况下，由于电网工况或其他因素，长期的计划停机是不可能的。在这些情况下，通过额外轮班或加班来延长工作时间，以缩短总体停机持续时间。

（2）大约 7 年之间在计划的每次维护停机之间延长历时可能会导致故障发生而未被发现（faults occurring undetected）。为了防止这种情况发生，实施了一系列新的预测性监测技术，如无损检测、在线振动监测和局部放电控制等。

（3）当前的战略是基于发电机和涡轮机的质量、鲁棒性和高可利用率，允许以 7 年为一个周期定期停机。挑战将是在新设备中获得相同的质量、鲁棒性和高可利用率，避免购买质量较低的机器，这些机器会产生空蚀、振动、裂缝、过热或污染。

## 10.6.6　挑战和未来方向

萨格水电站（SGC）需要定期处理的其中某些主要运营挑战包括：

（1）乌拉圭河的水文变率使得运营该设施以满足洪峰需求和避免泄洪弃水具有挑战性。

（2）进行天然洪水管理以减轻对下游社区的不利影响。

（3）水库淤积：每 5 年测量一次，估计在 55 亿 $m^3$ 的总容量中，每年损失 2500 万 $m^3$ 的水库容量。

（4）气候变化预测显示，到 2050 年入库流量有增加的趋势。气候变化对水华潜在上升的影响也必须得到充分的分析和管理。

萨格水电站（SGC）需要定期处理的其中某些技术维护问题包括：

（1）清理进水口前的入口区域。

（2）水力发电机组进水口中的原木和泥沙堆积，要通过安装一个浮动吊杆来减缓。

（3）溢洪道闸门：结构加固、挡板抬高、密封更换和处理与涂装、指挥和控制更新。

（4）金属表面的处理和涂漆（闸门、叠梁板、进水口拦污栅、制冷系统管道）。

在电厂改造期间，运维活动的规划和协调将具有挑战性，包括使用共享资源，如起重机和技术员工。参与翻修的人员与维护人员之间需要良好的协调，以确保知识共享。

水电资产的数字化带来了一些挑战，例如将网络安全保持在与现有资产相同的水平，同时引入创新和新技术（智能维护、更高效的操作、更高的可靠性、优化的成本），以最大限度地提高水电设施的效益。

本地区的水电部门面临的一些挑战将是风能和太阳能等间歇性可再生技术的进一步普及所带来的可变性。水电对于控制电网频率、提供储能和平衡服务至关重要。与过去相比，萨尔托—格兰德将面临更大的变化，即电厂的运行方式将发生变化。

附录

# 附录A 运维词汇表

辅助服务（Ancillary services）：是由水电站等电厂提供的能在短时间内响应、保证稳定送电和优化电网可靠性的能力和能源服务。

基建资本支出（Capital expenditures，CAPEX）：是关于大修、修复、设备或大型备件的更换和购买的投资。

特许经营权（Concession）：是一种政府—企业合作模式（PPP，或译公私合营）安排，该模式由私营部门和公共部门分担风险。通常情况下，政府给予特殊目的公司或私营公司至少20年的长期安排，其中政府或半国有公用事业公司可能是股东，也可能不是股东。特许权持有人（concessionaire）被授予在特许期内实施、运营和维护水电设施的所有权和责任。运营商可自由运营和维护该水电设施，并在特许权协议（concession agreement）的约束范围内获得预期/商定的投资回报，特许权协议详细说明了法律责任、雇用责任、环境责任和社会责任。还可以要求特许权持有人修复和翻新某些设备，从而将特许权转变为整修、运营和转让（ROT）模式。特许权协议还应详细说明特许权结束时电厂的预期状态。

基于工况的维护（Condition-based maintenance）：是正常运行期间基于设备和建筑物的检查、报警、监测和分析的结果进行的维护。如果设备退化很可能导致故障或发电效率低下，则应采取维护、修理和整修措施。

纠正性维护（Corrective maintenance）：在发生故障后进行，目的是将水电资产恢复到能够执行所要求功能的状态。

事故模式（Failure modes）：包括安全故障、大坝失事、环境故障、监管失灵和经济失效等模式。

水电站群（Fleet）：是单一所有权下的单个或若干个水电设施。

水电运维（Hydropower O&M）：指水电设施运行和保持良好的物理状态和运行状态所需的所有活动（不包括取代或建设新水电设施）。它通常包括现有部件的修复和彻底检修。

独立发电商（Independent power producer，IPP）：一种非公共的、非公用事业的发电商，拥有发电设施用于向公用事业和最终用户出售电力。独立发电商根据长期上网电价或购买电协议（power-purchase agreements，PPA）向公用事业机构出售电力。

关键绩效指标（Key performance indicator，KPI）：一个可衡量的价值，表明一个公司如何有效地实现关键业务和经营目标。关键绩效指标包括可利用系数、强迫停机率等。详情见附录E。

大型维修（major maintenance）：计划的修复干预措施，以执行详细的检查和/或维修，翻新设备并延长其使用寿命。基于业主的会计原则和工程规模，大型维修成本可以是运营支出或基建资本支出预算的一部分。

运维管理合同（O&M management contract）：业主与运营商之间关于提供部分或全部外包运维服务的协议。运维管理服务合同的结构与咨询服务合同类似，通常以固定期限、总价（管理费方面）并具有时间节点与可交付成果（有时单独支付）和绩效激励（通常每年计算）为基础发布。

运维战略模式选择（O&M strategic–model options）：包括模式 1（业主全权负责运维）、模式 2（业主部分外包运维）和模式 3（将运维全部外包给独立承包商）。

运维战略（O&M strategy）：关于水电设施可持续运维的一组高层次信息和决策，包括（Ⅰ）要达到的目标，（Ⅱ）实现这些目标的活动和组织决策，和（Ⅲ）充足的资源（人力、财力等）。运维战略基于（Ⅰ）对现有形势和利益相关方的诊断，和（Ⅱ）风险评估和目标，以消除障碍并为成功提供有利环境。

运营计划（Operating plan）：为组织人员提供与运维策略中的目标和目的一致的任务和职责的详细计划。它是一种管理工具，有助于协调组织资源（人力、财务和实物），以便实现运维战略中的目的和目标。

运营支出（Operation expenditures, OPEX）：包括日常设施运维的日常运营和维护成本。运营成本按年度进行预算，并进行五年预测。运营支出在公司损益表（corporate income statement）中列支。

组织结构（Organizational structure）：通常是一个组织的权威（authority）、沟通（communications）、权利（rights）和职责（duties）的层级安排。组织结构决定角色（role）、权力（power）和责任（responsibilities）如何分配（assigned）、控制（controlled）和协调（coordinated），并决定信息如何在不同管理层之间流动。

计划间隔维护（Planned–interval maintenance）：按时间计划进行或根据设备使用计划触发。这是传统的维护方法，并包含在项目调试投产期间制定的运维计划中。

购电协议（Power purchase agreement, PPA）：双方之间的一份合同（contract）：一方为发电（卖方），另一方为寻求购电（买方）。购电协议规定了双方之间售电的所有商业条款，包括水电项目何时开始商业运营，电力供应的时间表，和供电不足、付款条件和终止等方面的罚款。一份购电协议是界定一座发电设施的收入和信贷质量的主要协议，因此这是水电项目融资的一个关键工具。目前使用的购电协议有许多种形式，根据买方、卖方和融资对手的需求而有所不同（Ross, 2018）。

预测性维护（Predictive maintenance）：利用基于工况（condition–based）的数据监测和趋势分析来预测潜在故障的可能性和时间表。故障预测（failure prediction）采用停机期间获得的工况评估数据和试验结果再加上连续收集的监测数据。现代电厂对设备、系统和土工建筑物（移动、泄漏）进行在线监控和实时监控，以提供用于计划和持续微调预防性的维护项目的数据。

预防性维护（Preventive maintenance，或译预防性保养）：按照预定的时间间隔或按照既定的标准进行，以降低一个水电资产故障或功能退化的可能性。计划间隔维修、基于工况的维修和预测性维修都是预防性维修的子标题。

以可靠性为中心的维修（Reliability–centered maintenance, RCM）：确定最有效维修方法的过程。RCM 的方法理念综合采用了纠正性和预防性维护技术（有计划的、基于

工况的、预测性的），从而增加机器或部件在设计生命周期内具有最小的维护工作完成所要求的方式运行的概率。该方法理念的目标是以最低的成本提供规定的水电设施功能，并具有所要求的可靠性和可利用率。RCM 要求维修决策基于维修要求，并辅以合理的技术正当性和经济正当性。为了达到高效性，RCM 需要使用实时工况监控和计算机化的维护管理系统（CMMS）。

肇因分析（Root‑cause analysis，RCA，或译根本原因分析）：深入分析故障或性能不佳的实际原因的过程。RCA 与 RCM 齐头并用，以提高设备的可靠性，降低维护成本。

标准操作程序（Standard operating procedures，SOP）：是由一个组织编写的一套分步指导说明书，帮助员工进行复杂的日常操作。标准作业程序旨在实现高效率、高质量输出和绩效一致性，同时减少沟通失误和不符合监管和/或设定标准的情况。例如，标准作业程序可包括土建工程和水力机械设备的操作，如溢洪道，在一套水库操作规则内控制水库水位或上游水位。在某些情况下操作业务还可能负责管理与滨岸侵蚀有关的程序，在另一些情况下还负责管理对受水电项目影响人口的持续社会影响，包括洪水和泄洪预警系统。

技术审查（Technical review）：指水电工程师/维修人员使用无损检测方法（nondestructive testing methods，NDT）对设备进行工况评估，以评估设备的剩余寿命和更换方案，采用原始设备设计或不同的设计以达到最佳结果。

工作指令（Work order）：授权完成维护、修理或操作工作的命令。工作指令可以通过工作人员提交的工作请求手动生成，也可以通过工作指令管理软件或预防性维护（PM）计划表自动生成。人们还可以通过检查或审计的后续工作生成工作指令。

# 附录 B 技术诊断的仪表板示例

表 B.1　　　　　　　　　　　需要大修/更换的技术诊断输出示例

| 分　类 | 设　备 | 安装年份/投产年份 | 状态（未发挥功能） | 需要大修/更换吗？ | 到期年份 | 研究和采购期间（月数） | 未加实施行动的风险 |
|---|---|---|---|---|---|---|---|
| 电器设备 | | | | | | | |
| 电站用设备 | 厂房交流系统更新升级 | 1990 | ● 3 | 否 | | | |
| 电站用设备 | 电站照明 | 1990 | ✕ 4 | 是 | 2020 | 2 | 电厂和员工安全 |
| 电站用设备 | 厂房直流系统更新升级 | 1990 | ✕ 4 | 是 | 2020 | 4 | 非计划停运延长 |
| 电站用设备 | 厂房柴油发电机 | 1990 | ● 3 | 否 | | | |
| 电站用设备 | 厂房更换蓄电池组（2）和充电器（4） | 1990 | ● 3 | 否 | | | |
| 电站用设备 | 厂房更换厂用变压器 | 1990 | ◑ 1 | 否 | | | |
| 电站用设备 | 火灾探测系统 | 1990 | ● 3 | 否 | | | |
| 保护与控制 | 保护和控制升级（保护面板、继电器、通信设备） | 1990 | ✕ 4 | 是 | 2021 | 7 | 陈旧设备-有限备件-非计划停运延长 |
| 1号机组调速器 | 1号机组调速器控制装置升级 | 1990 | ✕ 5 | 是 | 2019 | 5 | 非计划停运机组延长 |
| 2号机组调速器 | 2号机组调速器控制装置升级 | 1990 | ● 3 | 否 | | | |
| 变电站 | 更换 115kV CBs（电路切换器） | 1990 | ● 3 | 否 | | | |
| 变电站 | 更换 115kV 避雷器 | 1990 | ● 3 | 否 | | | |
| 变电站 | 更换 115kV 电压互感器和电流互感器 | 1990 | ● 3 | 否 | | | |
| 变电站 | 更换燃油加注装置（GSU）变压器 | 1990 | ● 3 | 否 | | | |
| 变电站 | 在燃油加注装置变压器（GSU）上加装 DGA 监视器 | 1990 | ● 3 | 否 | | | |
| 中压系统 | 4.16kV 开关设备，配有发电机断路器和负载断路开关 | 1990 | ● 3 | 否 | | | |
| 机械设备 | | | | | | | |
| 水工闸门 | 1号 LLO 闸门、液压驱动装置和水力发电装置 | 1990 | ● 3 | 否 | | | |
| 水工闸门 | 2号 LLO 闸门、液压驱动装置和水力发电装置 | 1990 | ● 3 | 否 | | | |

附录

续表

| 分 类 | 设 备 | 安装年份/投产年份 | 状态（未发挥功能） | 需要大修/更换吗? | 到期年份 | 研究和采购期间（月数） | 未加实施行动的风险 |
|---|---|---|---|---|---|---|---|
| 1号机组进水口 | 翻新进水口门、液压驱动装置和水力发电装置 | 1990 | 3 | 否 | | | |
| 2号机组进水口 | 翻新进水口门、液压驱动装置和水力发电装置 | 1990 | 3 | 否 | | | |
| 进水口 | 翻新拦污栅和清洁器 | 1990 | 3 | 否 | | | |
| 尾水管闸门 | 厂房翻新尾水管叠梁和从动件 | 1990 | 5 | 是 | 2019 | 2 | 要求排水—大型工程 |
| 1号机组 | 翻新冷却水系统 | 1990 | 4 | 是 | 2020 | 6 | 增加维护成本 |
| 2号机组 | 翻新冷却水系统 | 1990 | 4 | 是 | 2020 | 6 | 增加维护成本 |
| 1号机组 | 翻新机组发电装置（HPU） | 1990 | 4 | 是 | 2020 | 6 | 增加维护成本 |
| 2号机组 | 翻新机组发电装置（HPU） | 1990 | 4 | 是 | 2020 | 6 | 增加维护成本 |
| 1号机组 | 发电机倒带/定子更换 | 1990 | 4 | 是 | 2020 | 6 | 增加维护成本 |
| 2号机组 | 发电机倒带/定子更换 | 1990 | 4 | 是 | 2020 | 6 | 增加维护成本 |
| 1号机组 | 转子磁极和励磁机翻新 | 1990 | 4 | 是 | 2020 | 6 | 增加维护成本 |
| 2号机组 | 转子磁极和励磁机翻新 | 1990 | 4 | 是 | 2020 | 6 | 增加维护成本 |
| 1号机组 | 涡轮机组大修（包括转轮翻新/更换） | 1990 | 3.5 | 可能 | 2022 | 14 | 涡蚀损坏—机组停运延长 |
| 2号机组 | 涡轮机组大修（包括转轮翻新/更换） | 1990 | 3.5 | 可能 | 2022 | 14 | 涡蚀损坏—机组停运延长 |
| 用水系统 | 厂房厂用水系统翻新 | 1990 | 4 | 是 | 2021 | 3 | 电厂和员工安全 |
| 暖通系统 | 厂房暖通系统翻新 | 1990 | 3 | 否 | | | |
| 用水系统 | 翻新污水泵和油水分离器 | 1990 | 3 | 否 | | | |
| 起重机 | 厂房OH起重机（电气和控制）翻新 | 1990 | 5 | 是 | 2019 | 3 | 紧急-需要大修 |
| 土木工程 | | | | | | | |
| 进场道路 | 重新修整进场道路，使其恢复设计 | 1990 | 5 | 是 | 2019 | 1 | 紧急-安全问题 |
| 安全吊杆 | 安全吊杆修理/更换 | 1990 | 5 | 是 | 2019 | 3 | 紧急-安全问题 |
| 碎片吊杆 | 碎片吊杆修理/更换 | 1990 | 5 | 是 | 2019 | 3 | 紧急-安全问题 |
| 输水设施 | 引水渠、取水口和尾水渠修理 | 1990 | 5 | 是 | 2019 | 3 | 紧急-安全问题 |
| 桥梁 | 桥梁维护 | 1990 | 5 | 是 | 2019 | 3 | 紧急-安全问题 |
| 主坝 | 堆石坝结构维护 | 1990 | 5 | 是 | 2019 | 3 | 紧急-安全问题 |
| 主坝 | 量测仪器仪表监控 | 1990 | 5 | 是 | 2019 | 3 | 紧急-安全问题 |

续表

| 分 类 | 设 备 | 安装年份/投产年份 | 状态(未发挥功能) | 需要大修/更换吗? | 到期年份 | 研究和采购期间(月数) | 未加实施行动的风险 |
|---|---|---|---|---|---|---|---|
| 溢流式溢洪道 | 溢流式溢洪道混凝土修理 | 1990 | ✕ 5 | 是 | 2019 | 3 | 紧急-安全问题 |
| 溢流式溢洪道 | 溢流式溢洪道渠道修理 | 1990 | ✕ 5 | 是 | 2019 | 3 | 紧急-安全问题 |
| 低位溢洪道 | 低位溢洪道混凝土修理 | 1990 | ◐ 3 | 否 | | | |
| 低位溢洪道 | 低位溢洪道混凝土大修 | 1990 | ◐ 3 | 否 | | | |
| 低位溢洪道 | 低位溢洪道设备楼修理 | 1990 | ◐ 3 | 否 | | | |
| 进水口 | 进水墩修理 | 1990 | ◐ 3 | 否 | | | |
| 进水口 | 进水口平台修理 | 1990 | ◐ 3 | 否 | | | |
| 进水口 | 进水口上部结构修理 | 1990 | ◐ 3 | 否 | | | |
| 压力管道 | 压力管道检查 | 1990 | ◐ 2 | 否 | | | |
| 压力管道 | 压力管道修理 | 1990 | ◐ 2 | 否 | | | |
| 发电站厂房 | 厂房下部结构灌浆和修复 | 1990 | ◐ 2 | 否 | | | |
| 发电站厂房 | 厂房上部结构修复 | 1990 | ◐ 2 | 否 | | | |
| 发电站厂房 | 厂房屋顶修复/更换 | 1990 | ◐ 2 | 否 | | | |
| 发电站厂房 | 涡轮排出室混凝土修理 | 1990 | ✕ 4 | 是 | 2021 | 4 | 电厂清洁-卫生 |
| 发电站厂房 | 生活用水和化粪池系统 | 1990 | ✕ 5 | 是 | 2020 | 6 | 紧急-安全问题 |
| 发电站厂房 | 尾水墩混凝土侵蚀 | 1990 | ✕ 5 | 是 | 2020 | 6 | 紧急-安全问题 |
| 发电站厂房 | 尾水平台混凝土侵蚀 | 1990 | ✕ 5 | 是 | 2020 | 6 | 紧急-安全问题 |
| 鱼类栖息地 | 鱼类栖息地修复 | 1990 | ✕ 5 | 是 | 2020 | 6 | 环境合规性 |
| 通用 | 大坝安全评估 | 1990 | ✕ 5 | 是 | 2020 | 2 | 紧急-安全问题 |
| 通用 | 公共安全 | 1990 | ✕ 5 | 是 | 2020 | 2 | 大坝周边的公共安全 |

表 B. 2　　　　现场观察样本作为诊断的一部分（步骤一）

| 序号 | 现 场 观 察 | HPP 地点 X | HPP 地点 Y | HPP 地点 Z |
|---|---|---|---|---|
| | | 分值(1-5)：1-差，5-好 | | |
| 1 | 现场定位与就业计划谈话 | 2 | 3 | 1 |
| 2 | 现场和厂房保洁 | 3 | 4 | 1 |
| 3 | 生物危害（即鸟粪）-好意味着没有问题 | 4 | 3 | 2 |
| 4 | 总体现场条件 | 3 | 4 | 1 |
| 5 | 进场道路 | 3 | 4 | 1 |
| 6 | 应急联系/应急预案计划 | 3 | 3 | 1 |
| 7 | 安全标识（厂房、变压器、进水口等） | 3 | 3 | 1 |
| 8 | 危险识别 | 2 | 3 | 1 |
| 9 | 电弧闪光评估/定位/个人保护装置（PPE） | 1 | 1 | 1 |
| 10 | 控制室-存在电气危险 | 1 | 1 | 1 |

| 序号 | 现场观察 | HPP 地点 X | HPP 地点 Y | HPP 地点 Z |
|:---:|:---:|:---:|:---:|:---:|
| | | 分值（1-5）：1-差，5-好 | | |
| 11 | 员工个人保护装置（PPE） | 3 | 3 | 1 |
| 12 | 受限空间平面图/救援/气体测试设备 | 1 | 1 | 1 |
| 13 | 防坠落/高空作业 | 3 | 2 | 1 |
| 14 | 急救柜/洗眼站 | 1 | 1 | 1 |
| 15 | 储油系统（油桶） | 2 | 3 | 1 |
| 16 | 储油-涡轮机地板（火灾和泄漏危险） | 1 | 1 | 1 |
| 17 | 消防设备 | 3 | 3 | 2 |
| 18 | 变电站围栏 | 4 | 4 | 1 |
| 19 | 变电站安全-非导电梯 | 1 | 1 | 1 |
| 20 | 涡轮机地板-油水分离器 | 3 | 3 | 1 |
| 21 | 工具储物设备 | 3 | 3 | 1 |
| 22 | 备件仓库 | 3 | 3 | 3 |
| 23 | 取水/快速水救援 | 1 | 1 | 1 |
| 24 | 大坝周边公共安全 | 1 | 1 | 1 |
| 25 | 维护印象 | 3 | 4 | 2 |
| | 总分值 | 58 | 63 | 30 |
| | 潜力分值 | 125 | 125 | 125 |

# 附录C 运维职位名称和岗位要求摘要

表C.1、表C.2列出了适用于水电设施和公司层面的运维活动可调动的通用工作岗位概述，并确定小、中、大型水电设施通常需要哪些核心工作。该表格还概述了每项工作的主要任务，并勾画了所要求的教育和经验。

表C.1 水电设施层面的典型水电站运维组织机构图

| 干部（骨干） | 主要专业领域 | 大中小型电站指标（注1） | 主要任务 | 学历教育（注3） | 实务培训/a | 合格经验经历/a |
|---|---|---|---|---|---|---|
| 电厂经理 | 水电设施的电气或机械维护或运行的主管 | 通常大型和中型（注2） | 设施核心职能的总体管理职责和方向 | 学士学位或大专文凭 | 2～4 | 20 |
| 运行主管 | 电厂运行管理 | 通常大型和中型（注2） | 电厂操作员的日常监督和指导 | 学士学位或大专文凭 | 2 | 15 |
| 机械主管 | 电厂的机械维护 | 通常大型和中型（注2） | 电厂机械维护员工的日常监督和指导 | 学士学位或大专文凭 | 4 | 15 |
| 电气主管 | 电厂的电气维护 | 通常大型和中型（注2） | 电厂电气维护员工的日常监督和指导 | 学士学位或大专文凭 | 4 | 15 |
| 高级电厂操作员和初级电厂操作员 | 电厂的操作 | 通常大型和中型（注2） | 日常实际操作（注4） | 大专文凭 | 4 | 10-高级6-初级 |
| 高级机械技师、机械技师、机械技师培训生 | 电厂机械维护 | 所有各种电站（注3） | 机械设备的日常实际操作 | 大专文凭 | 4 | 10-高级8-初级 |
| 高级电气技师、电气技师和电气技师培训生 | 电厂电气维护 | 所有各种电站（注3） | 电气设备的日常实际操作 | 大专文凭 | 4 | 10-高级8-初级 |
| 控制、保护和通信技师和技师培训生 | 数字电子、软件、固件、保护、控制和通信设备维护 | 所有各种电站（注5） | 控制、保护、通信和人机界面的日常维护 | 大专文凭 | 4 | 10-高级8-初级 |
| 土木工程师或技术人员和培训生 | 土木、岩土工程、测量、监测和分析 | 所有各种电站（注6） | 土建结构性能的检查监测与岩土资料收集和分析 | 学士学位或大专文凭 | 2～4 | 10-技术员8-工程师 |

续表

| 干部（骨干） | 主要专业领域 | 大中小型电站指标（注1） | 主要任务 | 学历教育（注3） | 实务培训/a | 合格经验经历/a |
|---|---|---|---|---|---|---|
| 维修计划员 | 电气、机械、运行、技术的背景 | 所有各种电站（注3） | 整个维修管理系统的RCM分析和操作（注7） | 技术大专文凭 | 2~4 | 10 |
| 现场管理（如适用） | 财务、采购、人力资源的通才 | 大中型电站（注8） | 本地财务日常管理、人力资源管理、采购和库存管理等职能 | 商业大专文凭 | 3 | 10 |
| 维护主管 | 结构、建筑物和地面维护的通用土建背景 | 所有各种电站（注3） | 电厂通用劳工的日常监督和指导 | 土木技术大专文凭 | 行业认证 | 8 |
| 一般维护员工 | 具有木工、瓦工、索具、移动设备操作和一般劳动的各种背景 | 所有各种电站（注3） | 对技术员工和移动设备、起重机、绞车等操作提供日常一般维护和非熟练劳动力支持。 | 法律要求的各种证书 | 2~6 | 5 |

注1：就本表而言，大型发电机组被视为大于250MW的装机容量。中型为50~250MW，小型为50MW以下。

注2：不同司法管辖区的水电设施管理有所不同。在发达经济体中，小型电厂可能不会配备任何管理人员，如果涉及大量水电设施，运维将从更集中的地点进行管理。在发展中国家，即使是小型水电站的人员配置也不会与中型水电站有很大的差别。

注3：根据电厂规模、位置和河流梯级或流域中水电设施的潜在分组，不同组织机构的员工在电厂的出勤率可能不同。安排出勤是为了满足维修需要或应对问题。在发达经济体小型电厂通常不会配备人员，但在发展中经济体很可能配备人员。

注4：发达经济体的水电业主倾向于在24/7轮班工作中减少所有规模的水电设施的人员配备，并选择只在正常工作时间才有操作员在场，以满足维护人员的要求。其他业主正朝着完全消除操作员干部的方向发展，并由合格的电气技术人员进行任何必要的切换和清理。这一点目前不适用于发展中国家的设施，在这些国家每天24/7三班的标准安排仍然是司空见惯的标准。如果没有现代先进的通信和SCADA系统来支持区域控制中心，就不可能减少人员编制。

注5：控制、保护和通信技术人员的要求因业主和设施而异，具体取决于所用设备的年份。在专业知识要求较低时，维护功能的范围可能从机电保护继电器和电气测量设备到对电厂环境和外部的通信、SCADA、分布式控制系统和信息技术有全面的工作理解。

注6：监测土木结构性能的工作在运行初期更为重要，以便在蓄水后立即确定结构的性能，因此土木员工最好参与项目结构的施工监督，并在蓄水后继续进行。但是通常没有足够的日常工作来证明现场持续存在的合理性，因此这些功能通常是通过自动化数据收集来汇集。

注7：大型组织机构的维护规划职能与RCM分析员职位分离，但发展中国家公用事业的许多水电业主尚未将RCM作为其维护管理的核心部分。

注8：根据组织机构的规模和管辖范围内管理的站点数量，不同组织机构的站点管理有所不同。人力资源管理、财务、采购和其他各种行政职责等许多职能都集中在现场支持服务中。

**表 C.2** **公司层面的典型水电站运维组织机构图**

| 干部（骨干） | 主要专业领域 | 大中小型电站指标（注1） | 主要任务 | 学历教育 | 实务培训/a | 合格经验经历/a |
|---|---|---|---|---|---|---|
| 维护工程部门经理 | 水电设施的电气或机械维护 | 所有各种电站 | 水电设施现场集中工程支持的总体管理职责和指导 | 工学学士学位或更高 | 4 | 20 |
| 维护工程电气工程师、机械工程师 | 水电设施的电气或机械维护 | 所有各种电站 | 支持解决问题、资本规划和工程改造或升级 | 学士学位 | 4 | 15 – 高级<br>5 – 初级 |
| 工程技术人员 | 水电设施的电气或机械维护 | 所有各种电站 | 支持解决问题、资本规划和工程改造或升级 | 大专文凭 | 2 | 10 |
| 维护分析师（RCM）（注1） | 电厂的电气维护 | 所有各种电站 | RCM 分析、肇因分析、成本效益分析、改进程序和成本效益维护活动 | 大专文凭 | 2 | 10 |
| 绩效工程师 | 电厂的运维 | 所有各种电站 | 监测技术和财务绩效指标。肇因分析和设计，建议解决方案 | 学士学位 | 4 | 15 |
| 土木工程部门经理 | 水电站土工建筑物、闸门、大坝和堤防、土木工程和岩土工程 | 所有各种电站 | 监督监测和检查土木结构、闸门、水道和堤防的人员和项目，并对大坝安全的各个方面负责 | 工学学士学位或更高 | 4 | 20 |
| 土木工程师、岩土工程师 | 水电站土木结构、闸门、大坝和堤防、土木工程和岩土工程 | 所有各种电站 | 监测和检查土建结构、闸门、水道、堤防和支撑大坝安全 | 学士学位 | 4 | 15 – 高级<br>8 – 初级 |
| 工作场所安全与健康专员 | 具有水电经验的行业安全 | 所有各种电站 | 监督、培训、事故调查、就水电具体问题与公司 WPSH 联络 | 大专文凭 | 4 | 15 |

**注 1**：RCM 分析可在每个现场进行，或作为支持服务集中进行，但所有维护计划活动应集中审查并批准，以便在可能的情况下在整个水电站群团队中进行一致的应用和共享。

# 附录 D  运维的关键岗位描述

岗位职责说明如表 D.1～表 D.27 所述，即岗位简介表。

| 序号 | 岗位英文名称 | 岗位中文名称 |
|---|---|---|
| 表 D.1 | **岗 位 简 介 表** | |
| 1 | Plant Manager | 水力发电厂经理 |
| 2 | Chief Operations Engineer | 首席运营工程师 |
| 3 | Shift Supervisor | 值班主管 |
| 4 | Operator (plant and substation) | 操作员（电厂和变电站） |
| 5 | Chief Maintenance Engineer | 首席维护工程师 |
| 6 | Electrical Engineer | 电气工程师 |
| 7 | Protection & Controls Technician | 保护和控制技师（技术员） |
| 8 | Electrical Technician | 电气技师（技术员） |
| 9 | Substation/High Voltage Technician | 变电站/高压技师（技术员） |
| 10 | Mechanical Engineer | 机械工程师 |
| 11 | Mechanical Technician | 机械技师（技术员） |
| 12 | Maintenance Planner and Outage Coordinator | 维护规划员和停运协调员 |
| 13 | Civil Engineer | 土木工程师 |
| 14 | Civil Technologist | 土木技术人员 |
| 15 | General Maintenance Tradesman | 一般维修工 |
| 16 | Financial and Administration Manager | 财务和行政经理 |
| 17 | Community/CSR and Public Safety Officer | 社区/企业社会责任和公共安全官员 |
| 18 | Environment and Social Compliance Officer | 环境和社会合规专员 |
| 19 | Workplace Safety and Health Officer | 工作场所安全与健康专员 |
| 20 | Human Resources Officer | 人事主管（人力资源专员） |
| 21 | Human Resources Assistant | 人事助理（人力资源助理） |
| 22 | Senior Accountant | 主管会计师（高级会计师） |
| 23 | Junior Accountant | 初级会计师（助理会计） |
| 24 | Procurement Officer | 采购专员（采购干事） |
| 25 | Storekeeper | 仓库主管 |
| 26 | Townsites (colonies) Administrator | 城镇（驻地）行政主管 |

表 D. 2 1 号 岗 位 简 介

| 1号岗位 | 水力发电厂经理（hydropower plant manager） |
| --- | --- |
| 汇报对象 | 总经理（执行董事或常务董事，managing director） |
| 岗位摘要 | 　　作为 XYZ 水电公司（以下简称"XYZ"）的主要成员，发电厂经理直接向总经理报告，并与财务和行政经理及其他支持人员密切合作。发电厂经理负责 XYZ 水力发电项目（以下简称"XYZHP"）的安全运营和维护（O&M）管理。电厂经理将在团队环境中管理和指导整个现场的运营和维护。<br>　　发电厂经理将努力实现生产力、风险和成本之间的正确平衡，以确保以最低的成本提供最高水平的安全和可靠的能源供应。此外，发电厂经理将是推动工作场所健康、安全和运营绩效文化的关键人物。还要期望其强力关注持续的改进。发电厂经理是制定和实现该组织机构的战略计划和目标不可或缺的一部分。 |
| 职责和任务 | 　　1. 负责 XYZHP 的运维：通过首席运营工程师和首席维护工程师的直接报告进行全天候运维活动，后者则指导 XYZ 现场若干员工的活动；<br>　　2. 负责与管理团队合作，制定本组织机构的战略业务计划。其贡献在于制定各分部门的目的和目标，管理运作程序和预算，以使该组织机构实现其财务目标；<br>　　3. 负责发电站的总体的和持续的安全高效运营和维护；<br>　　4. 负责持续编制资本和运营预算，批准和控制授权的支出；<br>　　5. 负责该发电站的总体绩效；<br>　　6. 确保发电站满足所有安全要求和环境要求、监管要求、许可要求和该组织机构规定的其他要求；<br>　　7. 负责为总经理、董事会和其他利益相关方编制项目进度报告的周报/月报；<br>　　8. 出席董事会、指导委员会和总经理指示的其他会议，代表 XYZ 的利益；<br>　　9. 完成交办的其他职责和任务 |
| 资格和经历要求 | 　　1. 具备电气工程、机械工程或土木工程专业的大学本科学历。具备工商管理硕士更占优势。必须有 20 年水电资产相关管理经历。教育和经验的等效组合也会被考虑；<br>　　2. 具备优秀的管理能力和领导能力，出色的人际交往技巧，具备团队成员的良好业绩记录也是至关重要的；<br>　　3. 具备电厂管理流程和实务的优秀工作履历，具有在解决相关技术问题方面发挥领导作用的能力；<br>　　4. 具备谦虚谨慎地（courteously and discretely）解决复杂问题和敏感问题的技能和经历经验，并符合操作原则 |

表 D. 3                                    2 号 岗 位 简 介

| 2号岗位 | 首席运营工程师（Chief Operations Engineer） |
|---|---|
| 汇报对象 | 水力发电厂经理（Plant Manager） |
| 岗位摘要 | 作为XYZ水电公司（XYZ）的关键成员，首席运营工程师直接向水力发电厂经理报告，并与首席维护工程师和支持员工密切合作。首席运营工程师负责XYZ水电项目（XYZHP）的总体运营，并根据原始设备生产商（OEM）建议、相关法律和行业最佳实践，建立所有必要的运营流程和运营程序。<br><br>首席运营工程师协助招聘值班运营员工，并为运营员工确定必要的培训/教育，包括员工发展长期计划，确保运营员工队伍的可持续发展 |
| 职责和任务 | 1. 负责确保XYZHP的持续安全、高效、可靠运行；<br>2. 负责与首席维护工程师合作管理所有水电站的计划停运，以最大限度地提高发电站的效能；<br>3. 负责建立和维护操作程序和紧急恢复程序等各种程序，并确保员工接受充分的培训。在系统紧急情况下，必须对员工安全和设备安全并基于系统要求进行独立判断，指导恢复发电；<br>4. 负责确保所有设备有详细、准确的切换程序，确保操作指令准确、正确地执行；<br>5. 确保保存所有必要的记录；<br>6. 确保遵守责任区内的环境标准；<br>7. 负责运营班组安全管理体系的实施和监督；<br>8. 在其他主管不在时，可以要求其行使其他主管的职权；<br>9. 负责提出其下属的选拔（selection）、录用（hiring）、薪水待遇（salary treatment）、晋升（progression）、解聘（termination）、纪律处分（discipline）等建议权；<br>10. 准备和维护值班日程表，确保每个班次有足够的人手；<br>11. 负责编制其管辖范围内设备停机或故障的详细报告；<br>12. 负责分析停机情况并准备建议以防止再次发生；<br>13. 确保遵守安全规则和操作规程；<br>14. 确保其责任区内的实践符合公司和监管的环境要求；<br>15. 确保直接报告是足够可靠的，并符合环境和监管的培训要求；<br>16. 参与和/或推进战略业务计划的制定；<br>17. 负责对员工进行培训、激励和指导，使其在福利（工作满意度、安全、士气等）方面发挥最大潜能；<br>18. 领导运营团队实现其业务目标，持续监控和报告进展 |
| 资格和经历要求 | 1. 具备电气工程、机械工程或土木工程专业的大学本科学历，15年及以上类似规模水电项目运营经历。教育和经验的等效组合也会被考虑；<br>2. 具备对安全、职业健康和环境的承诺要求；<br>3. 具备优秀的管理能力和领导能力，出色的人际交往技巧，具备团队成员的良好业绩记录也是至关重要的；<br>4. 具备电厂运营流程和实务的优秀工作履历，具有在解决相关运营问题方面发挥领导作用的能力；<br>5. 具备谦虚谨慎地解决复杂问题和敏感问题的优秀能力和经验，并符合最佳运营原则 |

表 D.4 　　　　　　　　　　　　　**3 号 岗 位 简 介**

| 3号岗位 | 运营值班主管（Operations Shift Supervisor） |
|---|---|
| 汇报对象 | 首席运营工程师（Chief Operations Engineer） |
| 岗位摘要 | 作为 XYZ 水电公司（XYZ）的关键成员，运营值班主管直接向首席运营工程师汇报，并与电气工程师和机械工程师及支持人员密切合作。<br>　　运营值班主管负责按照 XYZ 水电项目（XYZHP）的设计和原始设备生产商（OEM）建议、相关法律和行业最佳实践来运营 XYZHP，负责监督发电站和变电站操作员，并在值班期间协调任何维护工作 |
| 职责和任务 | 1. 监督和执行电厂检查并完成数据收集；<br>2. 执行所要求的切换以便于维护和确保峰值效率；<br>3. 负责与 3 个互联公用工程的控制中心进行沟通并遵循调度程序；<br>4. 告知主管人员关于电厂的任何问题；<br>5. 负责在计划停机和非计划停机期间电源的恢复；<br>6. 协助设备故障排除（troubleshooting）；<br>7. 协助维修部门对设备进行定期的（regular）维护和检查；<br>8. 出席参加电厂安全会议，遵守所有安全规章制度；<br>9. 负责上锁/挂牌以隔离机器便于检查和维护；<br>10. 签发设备维护、更换或修理的工作许可证；<br>11. 负责指导和提供在职培训，协助对初级员工进行考核；<br>12. 提供下班后紧急支持（应召出勤）并根据需要待命义务 |
| 资格和经历要求 | 1. 具备公认资格的机电工程技术的大专文凭；<br>2. 具备至少 10 年电力设施主管工作经验和/或具备水电/热力或复杂工业设施的运营经历；<br>3. 具有使用维护管理系统的经历；<br>4. 具备组织、监督和安排工作，并为其他员工提供培训、领导和指导的能力；<br>5. 具备平均水平以上的技术知识，且有进一步发展的愿望；<br>6. 具备平均水平以上的计算机技能，且能胜任本岗位的各项工作（微软 Word、微软 Excel、微软 Project）；<br>7. 具备良好的判断力和决策能力，且能够在监督最少时完成任务的能力；<br>8. 具备优秀的预算编制和控制、成本核算、仓储和库存控制的业务知识；<br>9. 具备创造力，能够评估和发展工作方法和实践；<br>10. 熟悉并遵守公司安全手册和其他经批准的安全实践和程序 |

| 表 D.5 | 4 号 岗 位 简 介 |
|---|---|
| 4 号岗位 | 电厂和变电站操作员（Operator, plant and substation） |
| 汇报对象 | 运营值班主管（Operations Shift Supervisor） |
| 岗位摘要 | 　　作为 XYZ 水电公司（XYZ）的关键成员，操作员直接向运营值班主管报告，并与变电站操作员和支持员工密切合作。<br>　　操作员负责按照设计和原始设备生产商（OEM）建议、相关法律和行业最佳实践，以峰值效率运行 XYZ 水电站项目（XYZHP） |
| 职责和任务 | 1. 执行电厂检查并完成数据收集；<br>2. 执行所要求的切换，以便于维护并确保峰值效率；<br>3. 与 3 个互联公用工程的控制中心进行沟通并遵循调度程序；<br>4. 告知主管人员关于电厂的任何问题；<br>5. 负责在计划停机和非计划停机期间电源的恢复；<br>6. 协助设备故障排除；<br>7. 协助维修部门对设备进行例行的（routine）维护和检查；<br>8. 出席参加电厂安全会议，遵守所有安全规章制度；<br>9. 参与上锁/挂牌以隔离机器便于检查和维护，签发设备维护、更换或修理的工作许可证；<br>10. 负责指导和提供在职培训，协助对初级员工进行考核；<br>11. 提供下班后紧急支持（应召出勤）并根据需要待命义务 |
| 资格和经历要求 | 1. 具备公认资格的机电工程技术的大专文凭；<br>2. 具备至少 6 年电力设施的工作经验和/或具备水电/热力或复杂工业设施的运营经历；<br>3. 受训人员（trainee）经历：具备至少 2 年电力设施的工作经验和/或具备水电/热力或复杂工业设施的运营经历；<br>4. 具备平均水平以上的技术知识，且有进一步发展的愿望；<br>5. 具备平均水平以上的计算机技能，且能胜任本岗位的各项工作（Word、Excel、Project）；<br>6. 具备良好的判断力和决策能力，且能够在监督最少时完成任务的能力；<br>7. 熟悉并遵守公司安全手册和其他经批准的安全实践和程序 |

| 表 D.6 | 5 号 岗 位 简 介 |
|---|---|
| 5号岗位 | 首席维护工程师（Chief Maintenance Engineer） |
| 汇报对象 | 水力发电厂经理（Plant Manager） |
| 岗位摘要 | 作为 XYZ 水电公司（XYZ）的关键成员，首席维护工程师直接向电厂经理报告，并与首席运营工程师和支持员工密切合作。<br>首席维护工程师负责 XYZ 水电项目（XYZHP）的总体维护。首席维护工程师基于土木承包商建议、相关法律和行业最佳实践，负责基本的维护流程和维护程序。<br>首席维护工程师协助招聘维护员工和工程员工，并为这些员工确定必要的培训/教育，包括员工发展长期计划，确保员工留用 |
| 职责和任务 | 1. 负责确保 XYZHP 的持续安全、高效、可靠运行；<br>2. 负责与首席运营工程师合作管理所有水电站的计划停运使绩效最大化；<br>3. 负责维护班组安全管理体系的实施和监督；<br>4. 负责使有组织的维护管理流程和程序制度化，并应用和推动全水电设施聚焦于确定任务、规划任务、安排和执行工作；<br>5. 负责评估并对标（差距分析）现有电厂程序/实践/绩效措施与内部和外部行业特定基准比较；<br>6. 负责与同行一起界定角色和职责，以确保维护管理项目的成功实施；<br>7. 领导基于肇因分析和/或合规性、增长性或成本降低要求确定的维护改进计划；<br>8. 制定详细的规划以控制各维护部门的支出、人员配备等要素；<br>9. 负责联络采购部门以确定并协商所需部件、设备和合同服务的采购；<br>10. 确保在预算/预测范围内按时完成所有维护目标；<br>11. 负责评估并记录已完成工作指令的成败，并建立反馈进一步推动工作指令的有效执行；<br>12. 负责提出其下属的选拔、录用、薪水待遇、晋升、解聘、纪律处分等建议权；<br>13. 确保其责任区内的实践符合公司和监管的环境要求；<br>14. 确保直接报告是足够可靠的，并符合环境和监管的培训要求；<br>15. 参与和/或推进战略业务计划的制定；<br>16. 制定预防性和预测性维护任务，包括油液分析、振动监测、热成像分析、超声波检测、声音分析以及关键工艺和支持设备的频率；<br>17. 负责进行长期的维护和维修问题的肇因分析，并启动针对设备设计和/或工作实践的纠正性措施；<br>18. 制定并维护机械、仪表、电气、监管和民用设备的集成计划，该计划应与长期战略规划、停运活动（停机）、预防性维护活动和预测性维护活动保持一致；<br>19. 负责对维护员工进行培训、激励和指导，使其在工作福利（工作满意度、安全、士气等）方面发挥最大潜能；<br>20. 领导维护团队实现其业务目标，持续监控和报告进展 |
| 资格和经历要求 | 1. 具备电气工程、机械工程或土木工程专业的大学本科学历，15 年及以上关于一座电厂或复杂工业设施（倾向于水力发电厂）的维护经历。教育和经验的等效组合也会被考虑；<br>2. 具备对安全、职业健康和环境的承诺要求；<br>3. 具备优秀的管理能力和领导能力，出色的人际交往技巧，具备团队成员的良好业绩记录也是至关重要的；<br>4. 具备电厂运营流程和实务的优秀工作履历，具有在解决相关运营问题方面发挥领导作用的能力；<br>5. 具备谦虚谨慎地解决复杂问题和敏感问题的优秀能力和经历经验，并符合最佳运营原则 |

表 D.7                             **6 号 岗 位 简 介**

| 6号岗位 | 电气工程师（Electrical Engineer） |
|---|---|
| 汇报对象 | 首席维护工程师（Chief Maintenance Engineer） |
| 岗位摘要 | 作为 XYZ 水电公司（XYZ）的关键成员，电气工程师直接向首席维护工程师汇报，并与土木工程师和机械工程师及支持人员密切合作。<br>电气工程师负责关于 XYZ 水电项目（XYZHP）所有电气设备的总体维护和故障排除。电气工程师基于土木承包商/原始设备/原始设备生产商（OEM）建议、相关法律和行业最佳实践，负责建立所有必要的电气故障排除、维护流程和程序 |
| 职责和任务 | 1. 负责监管例行的和其他电气维护服务；<br>2. 负责提供适用于关于 XYZHP 发电设备的电气设备和控制问题进行分析的工程支持；<br>3. 参与关于 XYZHP 的所有电气设备和控制系统维护项目的规划、工作计划和实施；<br>4. 负责与维修主管和其他部门就相关工作的关注和问题进行沟通；<br>5. 协助编制所需预算估计数；<br>6. 负责准备工程报告、基本建设项目论证、特殊维修工作指令报告，并启动采购；<br>7. 调查和评估设备和零件，并提出改进建议以提高效率；<br>8. 更新、制定和支持维护程序；<br>9. 负责应急维护；<br>10. 确保电气维修技师的知识、技能和熟练程度保持在高标准，并满足最大限度提高设备运行准备度所需的技能要求；<br>11. 负责与工作场所安全和健康官员合作，确保电厂的环境、健康、安全和安保符合要求；<br>12. 负责现场测试项目和所要求的设备调试，包括所有新电气系统的测试/调试；<br>13. 积极主动地（actively and positively）参与公司的目的和目标的制定和实现；<br>14. 负责与电厂员工合作制定和更新电气设备的维护标准和程序；<br>15. 出席参加电厂安全会议，遵守所有安全规章制度；<br>16. 负责指导和提供在职培训，协助对初级员工进行考核；<br>17. 提供下班后紧急支持（应召出勤）并根据需要待命义务 |
| 资格和经历要求 | 1. 具备公认资格的机电工程技术的大学本科毕业学位和具备至少 15 年的相关经历，其中包括直接关于运营/维护或设计和/或施工，包括控制系统在内的水力发电站的电气设备调试的至少 4 年野外现场经历；<br>2. 具备组织、监督和安排工作，并为其他员工提供培训、领导和指导的优秀能力；<br>3. 具有广泛的技术背景，能履行水电站的发电设备及其附属设备岗位职责；<br>4. 具备成熟的判断力和以最少指导完成分配任务的能力；<br>5. 具备与公司内外各级人员进行圆滑沟通的技巧（with diplomacy）；<br>6. 熟悉工程标准和安全标准；<br>7. 具备水电站 PLC/HMI 系统的业务知识，包括相关故障排除和支持流程；<br>8. 熟悉 AutoCAD、Office 等功能 |

**表 D.8**　　　　　　　　　　**7 号 岗 位 简 介**

| 7号岗位 | 保护和控制技师或技术员（Protection and Controls Technician） |
|---|---|
| 汇报对象 | 电气工程师（Electrical Engineer） |
| 岗位摘要 | 作为XYZ水电公司（XYZ）的关键成员，保护和控制技师直接向电气工程师汇报，并与其他技师和支持员工密切合作。<br>保护和控制技师基于原始设备/原始设备生产商（OEM）建议、相关法律和行业最佳实践，负责对XYZ水电项目（XYZHP）的保护和控制设备和SCADA系统进行故障排除和维护 |
| 职责和任务 | 1. 负责数字控制、保护继电器、电信、监控和数据采集（supervisory control and data acquisition，SCADA）和人机界面（human machine interface，HMI）的日常维护；<br>2. 负责协助故障排除，定期检查；<br>3. 负责调查、分析和报告电能质量问题，包括谐波分析和瞬态分析、电压曲线等；<br>4. 负责执行初步检查，确保新安装的设备可以投入使用；<br>5. 协助制定维修程序并负责执行该程序；<br>6. 分析HMI/SCADA和保护继电器数据集，以便进行故障排除、定期检查和培训；<br>7. 出席参加电厂安全会议，遵守所有安全规章制度；<br>8. 负责指导和提供在职培训，协助对初级员工进行考核；<br>9. 提供下班后紧急支持（应召出勤）并根据需要待命义务 |
| 资格和经历要求 | 1. 具有公认资格的电气技术文凭并具有保护和控制系统的专业知识，和/或完成保护和控制技术人员指定的培训计划；<br>2. 具备至少8年的在公用事业或私营部门担任保护和控制技术员的经历以及变电站、发电设备和复杂工业系统的经历；<br>3. 学徒工：具备至少4年的公用事业或私营部门的保护和控制技术员工作经历，并有变电站、发电设备和复杂工业系统的经历；<br>4. 必须准备通过参与内部和外部培训和开发，进一步开发技术或领导技能；<br>5. 全面了解所有仪器和测试设备的使用和维护；<br>6. 具有主动性和成熟的判断力，能够做出和执行正确的决策；<br>7. 具备电站和操作的全面知识，特别是现代控制系统，需要较高的诊断技能和阅读原理图和蓝图的能力；<br>8. 具备调度和规划技术、预算控制、功能成本核算的知识；<br>9. 具备以清晰、简洁的方式编写技术报告的能力；<br>10. 熟悉并遵守安全规章制度；<br>11. 身体上能够履行该岗位的所有职责 |

表 D. 9                                  8 号 岗 位 简 介

| 8号岗位 | 电气技师或技术员（Electrical Technician） |
|---|---|
| 汇报对象 | 电气工程师（Electrical Engineer） |
| 岗位摘要 | 作为 XYZ 水电公司（XYZ）的关键成员，电气技师直接向电气工程师汇报，并与其他技师和支持员工密切合作。<br><br>电气技师基于原始设备/原始设备生产商（OEM）建议、相关法律和行业最佳实践，负责对 XYZ 水电项目（XYZHP）的电气设备进行故障排除和维护 |
| 职责和任务 | 1. 负责对现场所有中低压电气设备进行故障排除、修理、维护和验收测试；<br>2. 负责协助故障排除，定期检查；<br>3. 协助制定维修程序并负责执行该程序；<br>4. 出席参加电厂安全会议，遵守所有安全规章制度；<br>5. 参与并执行上锁/挂牌以隔离机器便于检查和维护；<br>6. 负责指导和提供在职培训，协助对初级员工进行考核；<br>7. 提供下班后紧急支持（应召出勤）并根据需要待命义务 |
| 资格和经历要求 | 1. 具备公认资格的电气技术的大专文凭，和/或完成电气技术人员指定的培训计划；<br>2. 具备至少 8 年的在公用事业或私营部门担任电气技术员的经历以及变电站、发电设备和或复杂工业系统的经历；<br>3. 学徒工（apprentice）经历：具备至少 4 年的公用事业或私营部门的电气技术员工作经历，并有变电站、发电设备和或复杂工业系统的经历；<br>4. 必须准备通过参与内部和外部培训和开发，进一步开发技术或领导技能；<br>5. 全面了解所有仪器和测试设备的使用和维护；<br>6. 具有主动性和成熟的判断力，能够做出和执行正确的决策；<br>7. 具备调度和规划技术、预算控制、功能成本核算的知识；<br>8. 具备以清晰、简洁的方式编写技术报告的能力；<br>9. 熟悉并遵守安全规章制度；<br>10. 身体上能够履行该岗位的所有职责 |

表 D. 10 9 号 岗 位 简 介

| 9号岗位 | 变电站/高压技师或技术员（Substation/High Voltage Technician） |
|---|---|
| 汇报对象 | 电气工程师（Electrical Engineer） |
| 岗位摘要 | 作为 XYZ 水电公司（XYZ）的关键成员，变电站/高压技师直接向电气工程师汇报，并与其他技师和支持员工密切合作。<br>变电站/高压技师基于原始设备/原始设备生产商（OEM）建议、相关法律和行业最佳实践，负责对 XYZ 水电项目（XYZHP）的高压电气设备进行故障排除和维护 |
| 职责和任务 | 1. 负责对 XYZHP 高压设备进行故障排除、修理、维护和验收测试；<br>2. 负责协助故障排除，定期检查；<br>3. 协助制定维修程序并负责执行该程序；<br>4. 出席参加电厂安全会议，遵守所有安全规章制度；<br>5. 参与并执行上锁/挂牌以隔离机器便于检查和维护；<br>6. 负责指导和提供在职培训，协助对初级员工进行考核；<br>7. 提供紧急下班后支持（应召出勤）并根据需要待命义务 |
| 资格和经历要求 | 1. 具备公认资格的电气技术的大专文凭，和/或完成高压电气技术人员指定的培训计划；<br>2. 具备至少 8 年的在公用事业或私营部门担任高压电气技术员的经历以及变电站、发电设备和或复杂工业系统的经历；<br>3. 学徒工（apprentice）经历：具备至少 4 年的公用事业或私营部门的高压电气技术员工作经历，并有变电站、发电设备和或复杂工业系统的经历；<br>4. 必须准备通过参与内部和外部培训和开发，进一步开发技术或领导技能；<br>5. 全面了解所有仪器和测试设备的使用和维护；<br>6. 具有主动性和成熟的判断力，能够做出和执行正确的决策；<br>7. 具备工作计划和规划技术、预算控制、功能成本核算的知识；<br>8. 具备以清晰、简洁的方式编写技术报告的能力；<br>9. 熟悉并遵守安全规章制度；<br>10. 身体上能够履行该岗位的所有职责 |

表 D.11　　　　　　　　　　　　10 号 岗 位 简 介

| 10号岗位 | 机械工程师（Mechanical Engineer） |
|---|---|
| 汇报对象 | 首席维护工程师（Chief Maintenance Engineer） |
| 岗位摘要 | 　　作为 XYZ 水电公司（XYZ）的关键成员，机械工程师直接向首席维护工程师汇报，并与土木工程师和电气工程师及支持人员密切合作。<br>　　机械工程师负责关于 XYZ 水电项目（XYZHP）所有机械设备的总体维护和故障排除。机械工程师基于原始设备/原始设备生产商（OEM）建议、相关法律和行业最佳实践，负责建立所有必要的故障排除、维护流程和程序 |
| 职责和任务 | 　　1. 负责监管例行的和其他机械维护服务；<br>　　2. 负责提供适用于关于 XYZHP 发电设备的机械设备和控制问题进行分析的工程支持；<br>　　3. 参与关于 XYZHP 的所有机械设备和控制系统维护项目的规划、工作计划和实施；<br>　　4. 负责与维修主管和其他部门就相关工作的关注和问题进行沟通；<br>　　5. 协助编制所需预算估计数；<br>　　6. 负责准备工程报告、基本建设项目论证、特殊维修工作指令报告、机械说明书，并启动采购；<br>　　7. 调查和评估设备和零件，并提出改进建议以提高效率；<br>　　8. 更新、制定和支持维护程序；<br>　　9. 负责应急维护；<br>　　10. 确保机械维修技师的知识、技能和熟练程度保持在高标准，并满足最大限度提高设备运行准备度所需的技能要求；<br>　　11. 负责与工作场所安全和健康官员合作，确保电厂的环境、健康、安全和安保符合要求；<br>　　12. 负责现场测试项目和所要求的设备调试，包括所有新机械系统的测试/调试；<br>　　13. 积极主动地（actively and positively）参与公司的目的和目标的制定和实现；<br>　　14. 负责与电厂员工合作制定和更新机械设备的维护标准和程序；<br>　　15. 出席参加电厂安全会议，遵守所有安全规章制度；<br>　　16. 负责指导和提供在职培训，协助对初级员工进行考核；<br>　　17. 提供下班后紧急支持（应召出勤）并根据需要待命义务 |
| 资格和经历要求 | 　　1. 具备公认资格的机械工程技术的大学本科毕业学位和具备至少 15 年的相关经历，其中包括水力发电站的工程师和技术支持员工的至少 4 年主管经历；<br>　　2. 具备组织、安排和协调工作，并为其他员工提供培训的优秀能力；<br>　　3. 具有广泛的职业背景，能履行水电站的发电设备及其附属设备岗位职责；<br>　　4. 熟悉轴流转桨式水轮机及相关设备；<br>　　5. 具备专业工程组织的会员资格；<br>　　6. 具备以主管和协调员身份与其他人员进行圆滑沟通的技巧（with diplomacy）；<br>　　7. 必须是一个优秀的组织者并善于安排繁重的工作负荷；<br>　　8. 必须有成熟的判断力，能够接受并完成给定目标和进度要求的任务；<br>　　9. 必须具有广泛的机械工程技术背景；<br>　　10. 熟悉 AutoCAD、Office 等功能 |

**表 D.12**　　　　　　　　　　**11 号 岗 位 简 介**

| 11 号岗位 | 机械技师或技术员（Mechanical Technician） |
|---|---|
| 汇报对象 | 机械工程师（Mechanical Engineer） |
| 岗位摘要 | 作为 XYZ 水电公司（XYZ）的关键成员，机械技师直接向机械工程师汇报，并与其他技术人员和支持人员密切合作。<br>机械技师基于原始设备/原始设备生产商（OEM）建议、相关法律和行业最佳实践，负责 XYZ 水电项目（XYZHP）所有机械设备的故障排除、检查和维护。 |
| 职责和任务 | 1. 负责对 XYZHP 的所有机械系统（即涡轮机/发电机、轴承、HPU、冷却水系统、进水闸门、溢洪道闸门和电厂其他设备等）进行故障排除、维修、维护和检查；<br>2. 负责协助故障排除，定期检查；<br>3. 协助制定维修程序并负责执行该程序；<br>4. 出席参加电厂安全会议，遵守所有安全规章制度；<br>5. 参与并执行上锁/挂牌以隔离机器便于检查和维护；<br>6. 负责指导和提供在职培训，协助对初级员工进行考核；<br>7. 提供紧急下班后支持（应召出勤）并根据需要待命义务 |
| 资格和经历要求 | 1. 具备公认资格的机械技术的大专文凭，和/或完成机械技术人员/机修工指定的培训计划；<br>2. 具备至少 8 年的在公用事业或私营部门担任机械技术员的经历以及水力发电设备和或复杂工业系统的经历；<br>3. 学徒工（apprentice）经历：具备至少 4 年的公用事业或私营部门的机械技术员工作经历，并有水力发电设备和或复杂工业系统的经历；<br>4. 熟悉轴流转桨式水轮机及相关设备；<br>5. 必须准备通过参与内部和外部培训和开发，进一步开发技术或领导技能；<br>6. 全面了解所有仪器和测试设备的使用和维护；<br>7. 具有主动性和成熟的判断力，能够做出和执行正确的决策；<br>8. 具备计划安排和规划技术、预算控制、功能成本核算的知识；<br>9. 具备以清晰、简洁的方式编写技术报告的能力；<br>10. 熟悉并遵守安全规章制度；<br>11. 身体上能够履行该岗位的所有职责 |

| 表 D.13 | 12 号 岗 位 简 介 |
|---|---|
| 12号岗位 | 维护规划员和停运协调员（Maintenance Planner and Outage Coordinator） |
| 汇报对象 | 首席维护工程师（Chief Maintenance Engineer） |
| 岗位摘要 | 作为XYZ水电公司（XYZ）的关键成员，维护规划员和停运协调员直接向首席机械工程师汇报，并与首席电气工程师及支持人员密切合作。<br>维护规划员负责计划、停机计划，并协调与维护管理系统相关的所有工作职责 |
| 职责和任务 | 1. 负责维护计算机化维修管理系统（CMMS），起草程序并培训员工使用该系统；<br>2. 负责协调停运的规划和调度；<br>3. 负责为机组停机创建甘特图（Gantt charts）和网络图；<br>4. 与电厂管理层和电站员工（包括外部人员和各部门）保持密切的工作关系，并与所有相关部门保持和谐的联系；<br>5. 为需要维护的设备计划并制定工作指令（work order）和时间表，并向工作人员提供工作包；<br>6. 负责维护CMMS中的所有记录，确保所有的指令（instructions，或译指示）、程序（procedures）、记录（records）和文件（files）是正确的和最新的；<br>7. 确保所有已完成的工作包都经过电厂理部门的审查，以提高工作质量和效率，消除错误；<br>8. 协助编制报告，其中包括预测未来的资源需求、设备彻底检修结果、持续性的问题领域以及必要的设备改造或更换；<br>9. 协助建立和维护符合RCM原则的预防性维护和预测性维护项目；<br>10. 负责制定和维护适用于电厂管理的各种绩效指标报告；<br>11. 出席参加电厂安全会议，遵守所有安全规章制度；<br>12. 负责指导和提供在职培训，协助对初级员工进行考核；<br>13. 提供紧急下班后支持（应召出勤）并根据需要待命义务 |
| 资格和经历要求 | 1. 具备公认资格的电气工程或机械工程的大专毕业文凭；<br>2. 具备至少10年水电/热力或复杂工业设施维护主管/计划员的工作经历；<br>3. 拥有所有主要设备和辅助设备的成熟维护经验；<br>4. 具备使用维护管理系统的经验；<br>5. 具备组织、监管和安排工作，并为其他员工提供培训、领导和指导的能力；<br>6. 具备超过平均水平的技术知识，并有进一步发展的愿望；<br>7. 具备超过平均水平的计算机技能，足以完成该岗位的各种任务（MS Word、MS Excel和MS Project）；<br>8. 具有良好的判断能力、决策能力和在最少监督时执行任务的能力；<br>9. 具备丰富的预算编制与控制、成本核算、仓储和库存控制等工作知识；<br>10. 具有创造力，能够评估和开发工作方法和实践；<br>11. 熟悉并遵守公司安全手册和经批准的其他安全规程和程序 |

表 D.14                            13 号 岗 位 简 介

| 13 号岗位 | 土木工程师（Civil Engineer） |
|---|---|
| 汇报对象 | 首席维护工程师（Chief Maintenance Engineer） |
| 岗位摘要 | 作为 XYZ 水电公司（XYZ）的关键成员，土木工程师直接向首席维护工程师汇报，并与电气工程师和机械工程师及其他支持人员密切合作。<br>土木工程师基于水电项目设计参数、原始设备生产商（OEM）/原始设备的建议、相关法律和行业最佳实践，负责 XYZ 水电项目（XYZHP）的土建工程及其运维 |
| 职责和任务 | 1. 负责根据进度计划对所有土建工程进行检查，并监督监测（surveillance）项目和监控（monitoring）项目以维护大坝安全；<br>2. 负责管理所有监测和监控数据集的及时审查和要求的必要后续行动，以确保项目土建工程的安全；<br>3. 负责向驻点管理员（town - site administrator）提供关于道路或建筑的任何问题和边坡稳定性的技术支持；<br>4. 负责对水文分析/水力分析与洪泛区制图和研究的任何变化提供技术监督；<br>5. 负责审查和批准 XYZHP 大坝或附属设施的任何可能影响其安全的变更；<br>6. 必要时指导水电项目运营的变更，以确保在紧急情况下 XYZHP 大坝、溢洪道和附属设施的安全；<br>7. 审查并批准应急行动计划；<br>8. 参与监管部门的大坝安全检查；<br>9. 参与发电站所有土建工程维护项目的规划、计划安排和实施；与其他维护主管和其他部门或与土木工程相关的关注和问题进行衔接；<br>10. 协助编制所需预算估计数；<br>11. 负责准备工程报告、基本建设项目论证、特殊维修工作指令报告、土建工程说明书，并启动采购；<br>12. 更新、制定和推荐维护程序；<br>13. 负责与工作场所安全和健康官员合作，确保水电设施的环境、健康、安全和安保符合要求；<br>14. 积极主动地（actively and positively）参与团队的目的和目标的制定和实现；<br>15. 负责指导和提供在职培训，协助对初级员工进行考核；<br>16. 提供下班后紧急支持（应召出勤）并根据需要待命义务 |
| 资格和经历要求 | 1. 具备土木工程的大学本科学位和具备至少 8 年的关于进场道路、大坝、隧道和水电站的设计、施工和运行方面的经历；教育和经验的等效组合也会被考虑；<br>2. 具备对职业健康和安全的承诺要求；<br>3. 具备良好的管理能力和领导能力，加上优秀的人际交往能力和必要的良好团队合作记录；<br>4. 具备电厂运行流程和实务的优秀知识，并有能力在解决相关运行问题方面发挥领导作用；<br>5. 具备有礼貌、谨慎地解决复杂问题和敏感问题的技能和经验，符合最佳操作原则 |

**表 D. 15**               **14 号 岗 位 简 介**

| 14 号岗位 | 土木技术人员 （Civil Technologist） |
|---|---|
| 汇报对象 | 土木工程师 （Civil Engineer） |
| 岗位摘要 | 作为 XYZ 水电公司（XYZ）的关键成员，土木技术人员直接向土木工程师汇报，并与其他技师和支持人员密切合作。<br>土木技术人员基于土木承包商和业主的工程师建议、相关法律和行业最佳实践，负责 XYZ 水电项目（XYZHP）的土工结构的检查和监控及岩土工程数据搜集和分析 |
| 职责和任务 | 1. 负责检查和维护与 XYZHP 相关的所有土建工程（大坝、进水口、发电厂房等）；<br>2. 负责现场下载和分析大坝安全仪表数据集和任何其他岩土数据集；<br>3. 负责维护和更新项目 GIS 数据库，包括现场调查、地图和图纸；<br>4. 负责操作和维护工程勘察所需的各种机械设备、数字设备、模拟设备、无线设备、计算机和其他设备；<br>5. 出席参加项目安全会议，遵守所有安全规章制度；<br>6. 协助制定维修程序并负责执行该程序；<br>7. 负责指导和提供在职培训，协助对初级员工进行考核；<br>8. 提供下班后紧急支持（应召出勤）并根据需要待命义务 |
| 资格和经历要求 | 1. 具备公认资格的土木工程技术的大专文凭；<br>2. 具备至少 10 年的公用事业或私营部门关于水电项目或其他大型土木基础设施的设计、施工或运营的工作经历；<br>3. 准备通过参与内部和外部培训和开发，进一步开发技术或领导技能；<br>4. 具备计划安排和规划技术、预算控制、功能成本核算的知识；<br>5. 具备以清晰、简洁的方式编写技术报告的能力；<br>6. 具有主动性和成熟的判断力，能够做出和执行正确的决策；<br>7. 熟悉并遵守安全规章制度；<br>8. 身体上能够履行该岗位的所有职责 |

| 表 D. 16 | 15 号 岗 位 简 介 |
|---|---|
| 15号岗位 | 一般维修工（General Maintenance Tradesman） |
| 汇报对象 | 土木工程师（Civil Engineer） |
| 岗位摘要 | 　　作为 XYZ 水电公司（XYZ）的关键成员，一般维修工直接向土木工程师汇报，并与其他技师和支持人员密切合作。<br>　　一般维修工基于土木承包商和原始设备的建议、相关法律和行业最佳实践，负责 XYZ 水电项目（XYZHP）土工建筑物的日常监督和指导电厂普通劳务人员进行土木结构维护 |
| 职责和任务 | 　　1. 负责监督和指导普通劳务人员（general labor）执行 XYZHP 的所有土建结构、建筑物和地面的维护工作；<br>　　2. 出席参加项目安全会议，遵守所有安全规章制度；<br>　　3. 协助制定维修程序并负责执行该程序；<br>　　4. 负责指导和提供在职培训，协助对初级员工进行考核；<br>　　5. 提供下班后紧急支持（应召出勤）并根据需要待命义务 |
| 资格和经历要求 | 　　1. 具备公认资格的土木工程技术的大专文凭；<br>　　2. 具备至少 8 年的公用事业或私营部门关于水电项目或其他大型土木基础设施的施工主管的工作经历；<br>　　3. 准备通过参与内部和外部培训和开发，进一步开发技术或领导技能；<br>　　4. 具备计划安排和规划技术、预算控制、功能成本核算的知识；<br>　　5. 具备以清晰、简洁的方式编写技术报告的能力；<br>　　6. 具有主动性和成熟的判断力，能够做出和执行正确的决策；<br>　　7. 熟悉并遵守安全规章制度；<br>　　8. 身体上能够履行该岗位的所有职责 |

**表 D. 17**                     **16 号 岗 位 简 介**

| 16 号岗位 | 财务和行政经理（Financial and Administration Manager） |
|---|---|
| 汇报对象 | 总经理（执行董事或常务董事，managing director） |
| 岗位摘要 | 　　作为 XYZ 水电公司（XYZ）的关键成员，财务和行政经理直接向总经理汇报，并与水力发电厂经理和其他支持员工密切合作。<br>　　财务和行政经理负责 XYZ 水电项目（XYZHP）的财务职责和行政职责 |
| 职责和任务 | 　　1. 负责管理 XYZHP 的财务和采购职责；<br>　　2. 负责管理 XYZHP 的电价调整和批准、公用事业的收款、贷款偿还和所有财务事宜；<br>　　3. 负责驻点的行政管理事务；<br>　　4. 负责管理 XYZHP 的社区关系、环境和社会合规性以及工作场所健康和安全职责；<br>　　5. 负责管理支持 XYZHP 的人力资源团队；<br>　　6. 负责为管理层提供财务咨询服务，包括财务结果的解释说明、运营成本和基建资本成本预算编制和报告；<br>　　7. 负责与管理团队合作，为该管理组织机构制定战略业务计划。负责推进部门目的和目标的制定、运营程序和预算的管理，以使该组织机构实现其财务目标；<br>　　8. 负责管理资本预算和经营预算，审批和控制已授权的开支；<br>　　9. 负责为总经理、董事会和其他利益相关方编制项目进度报告的周报和月报；<br>　　10. 参加董事会、指导委员会和总经理指示的代表 XYZ 利益的其他会议；<br>　　11. 完成交办的其他职责和任务 |
| 资格和经历要求 | 　　1. 具备财务、会计和/或工商管理专业的大学本科学位。工商管理硕士学位会优先考虑；<br>　　2. 必须有 15 年的公用事业和/或中小型公共/私营机构的财务和行政部门的管理经验。教育和经验的等效组合也会被考虑；<br>　　3. 具备良好的管理能力和领导能力，加上优秀的人际交往能力和必要的良好团队合作记录；<br>　　4. 成功的候选人还要展示对所有企业领导能力和核心能力的熟练程度，特别强调：有远见的领导能力、培养他人的能力、建立客户关系、建立信任、沟通和财务责任 |

**表 D. 18**            **17 号 岗 位 简 介**

| | |
|---|---|
| **17号岗位** | 社区/企业社会责任和公共安全专员（Community/CSR and Public Safety Officer） |
| **汇报对象** | 财务和行政经理（Financial and Administration Manager） |
| **岗位摘要** | 作为 XYZ 水电公司（XYZ）的关键成员，社区/企业社会责任和公共安全专员直接向财务和行政经理汇报，并与水力发电厂经理和其他支持员工密切合作。<br><br>社区/企业社会责任和公共安全专员负责管理与 UV 和 W 国所有利益相关方的公共关系和社区关系。他/她还负责维护 XYZ 水电项目（XYZHP）的企业社会责任（CSR）职能和工作场所健康与安全职能 |
| **职责和任务** | 1. 负责监督环境合规专员和社会合规专员；<br>2. 负责监督工作场所安全和卫生健康专员；<br>3. 负责实施企业社会责任行动项目，管理与 XYZHP 运营相关的利益相关方关系和公共安全；<br>4. 负责管理与企业社会责任、利益相关方管理、环境合规和社会合规以及工作场所健康和安全相关的预算；<br>5. 负责为经理制作项目进度报告的周报/月报；<br>6. 根据需要协助经理进行内部和外部的其他沟通，包括新闻发布、执行演讲、活动策划、文章起草、宣传册和报告等；<br>7. 负责确保所有沟通支持公司的目标和目的；<br>8. 担任公司发言人按经理指示负责媒体垂询；<br>9. 完成交办的其他职责和任务 |
| **资格和经历<br>要求** | 1. 具有公认资格的工商管理、通信和或公共事务的大学本科学位；<br>2. 必须有 15 年的公共事业部门和/或大型公共/私人机构的通信、公共事务部门的相关经历。教育和经验的等效组合也会被考虑；<br>3. 具备良好的监督能力和领导能力，加上优秀的人际交往技巧和必要的良好团队合作记录 |

| 表 D. 19 | 18 号 岗 位 简 介 |
|---|---|
| 18号岗位 | 环境和社会合规专员（Environment and Social Compliance Officer） |
| 汇报对象 | 社区/企业社会责任和公共安全专员（Community/CSR and Public Safety Officer） |
| 岗位摘要 | 作为 XYZ 水电公司（XYZ）的关键成员，环境和社会合规专员直接向社区/企业社会责任和公共安全官员汇报，并与 XYZ 水电项目（XYZHP）的运营和维护员工密切合作。<br>环境和社会合规专员负责水电项目运营期间监控环境影响和社会影响减缓项目的合规性 |
| 职责和任务 | 1. 负责按照 ESIA 和项目许可和授权的规定，在 XYZHP 的运营阶段监控环境影响和社会影响减缓计划；<br>2. 负责协调并编制监管合规报告；<br>3. 负责协调并实施内部检查方案；<br>4. 负责协调运营并协助解决各种检查发现的缺陷不足；<br>5. 负责协助监测样品的跟踪和报告；<br>6. 负责实施合规项目以确保环境合规和社会合规，包括起草计划和报告，并汇编和分析与合规和过程质量控制工作有关的数据；<br>7. 根据需要管理承包商和咨询公司；<br>8. 负责与工作场所安全和健康专员合作，确保电厂环境、健康、安全和安保符合要求；<br>9. 出席参加电厂安全会议，并遵守所有安全规章制度；<br>10. 负责指导和提供在职培训，协助对初级员工进行考核 |
| 资格和经历要求 | 1. 具有公认资格的工商管理、化学、环境科学或相关领域的大学本科学位；<br>2. 必须有 10 年以上的土木设施和电力基础设施的环境和社会影响评价的相关经历、和或合规性经历；<br>3. 必须准备通过参与内部和外部培训和开发，进一步开发技术或领导技能；<br>4. 具备计划安排和规划技术、预算控制、功能成本核算的知识；<br>5. 具备以清晰、简洁的方式编写合规报告的能力；<br>6. 具有主动性和成熟的判断力，能够做出和执行正确的决策；<br>7. 熟悉并遵守安全规章制度；<br>8. 身体上能够履行该岗位的所有职责 |

| 表 D.20 | 19 号 岗 位 简 介 |
|---|---|
| 19号岗位 | 工作场所安全与健康专员（Workplace Safety and Health Officer） |
| 汇报对象 | 社区/企业社会责任和公共安全专员（Community/CSR and Public Safety Officer） |
| 岗位摘要 | 作为 XYZ 水电公司（XYZ）的关键成员，工作场所安全与健康专员直接向社区/企业社会责任和公共安全专员汇报，并与 XYZ 水电项目（XYZHP）的运营和维护员工密切合作 |
| 职责和任务 | 1. 负责应用当前和未来的健康和安全战略、程序、监管和行业最佳实践的知识；<br>2. 负责制定和协调健康和安全的体系/战略，以满足并超过本组织机构和法律的合规要求；<br>3. 负责与管理层协调，解决健康和安全问题并推动新计划的实施；<br>4. 负责进行野外现场审计，监督员工的安全工作实践；<br>5. 亲自监督所有野外工作人员的行程管理要求；<br>6. 负责跟踪和审核关于政策、项目和程序的机构绩效和合规性；<br>7. 在监管行动期间为公司提供建议并代表公司；<br>8. 负责审查和制定工作计划和现场计划，以支持一个安全的工作环境；<br>9. 出席参加必要的运营会议，讨论健康和安全问题；<br>10. 参加健康和安全委员会会议；<br>11. 制定并召开月度安全会议，会议主题旨在促进更好地理解公司的政策、项目、程序和通用健康与安全；<br>12. 及时响应突发事件；领导完成所有突发事件的调查；<br>13. 跟踪和监督健康和安全指标的定期报告，以制定关键绩效指标（KPIs）推动业务超越本组织机构的合规性目标；<br>14. 与运营小组合作，确保安全工作程序的制定和适用于所有现场作业；<br>15. 完成交办的其他任务 |
| 资格和经历要求 | 1. 具有公认资格的安全和或环境管理或相关领域的大专文凭；<br>2. 必须有 10 年以上的在公用事业环境中担任安全员的经历，并在安全管理系统（SMS）中有实际工作经历；<br>3. 具备合格的标准急救（First Aid）和 CPR 认证，和防坠落（Fall Arrest）、狭窄空间（Confined Space）等其他安全培训；<br>4. 能够作为一个有凝聚力团队的一部分协同工作，也要具备在最少监督时独立工作的能力；<br>5. 工作安排的灵活能力（可以晚上工作或连续数天的审计）；<br>6. 必须能够适应工作环境、旅行和天气的变化；<br>7. 熟悉并遵守安全规章制度；<br>8. 身体上能够履行该岗位的所有职责 |

表 D.21                 20 号 岗 位 简 介

| 20 号岗位 | 人事主管（人力资源专员，Human Resources Officer） |
|---|---|
| 汇报对象 | 财务和行政经理（Financial and Administration Manager） |
| 岗位摘要 | 　　作为 XYZ 水电公司（XYZ）的关键成员，人事主管直接向财务和行政经理汇报，并与 XYZ 水电项目（XYZHP）的水力发电厂经理、首席运营工程师和首席维护工程师密切合作。<br>　　人事主管在征聘和留住来自三方伙伴国和公私部门的员工方面发挥关键作用 |
| 职责和任务 | 　　1. 负责在招聘的所有阶段与经理沟通和合作，包括制定和更新现有的岗位描述；确定招聘战略、面试和选拔；起草录用通知书；向候选人传达选拔决定；<br>　　2. 参与年度考核、个人绩效计划、跟踪绩效评估的截止日期，并跟进主管们和经理们的工作；<br>　　3. 协助管理层进行员工学习和开发活动，包括培训和能力建设；<br>　　4. 协助管理层处理关于工资级别、升值加薪、福利和赔偿的问题；<br>　　5. 建议新的方法、政策和程序，以持续改进部门和所提供服务的效率；<br>　　6. 管理休假和复工计划；<br>　　7. 负责报告与人力资源相关的关键绩效指标；<br>　　8. 负责指导和提供在职培训，协助对初级员工进行考核；<br>　　9. 完成交办的其他任务 |
| 资格和经历要求 | 　　1. 具备公认资格的人力资源或相关领域的大学本科学位/文凭；<br>　　2. 必须有 10 年以上的公用事业和/或公共/私营机构的管理人力资源部门的工作经历；<br>　　3. 必须了解本地和区域的劳动法；<br>　　4. 必须准备通过参与内部和外部培训和开发，进一步开发业务或领导技能；<br>　　5. 具有主动性和成熟的判断力，能够做出和执行正确的决策；<br>　　6. 必须对当地行业就业规范和薪酬（包括就业福利）有全面理解和工作知识 |

表 D.22　　　　　　　　　　　21 号 岗 位 简 介

| 21号岗位 | 人事助理（人力资源助理，Human Resources Assistant） |
|---|---|
| 汇报对象 | 人事主管（人力资源专员，Human Resources Officer） |
| 岗位摘要 | 作为 XYZ 水电公司（XYZ）的关键成员，人事助手直接向人事主管汇报，并与 XYZ 水电项目（XYZHP）的支持员工密切合作 |
| 职责和任务 | 1. 与人事主管合作进行人力资源报告、汇报软件和组织机构管理战略等方面的设计、开发、分析和测试；<br>2. 负责维护现有计算机应用解决问题和纠正问题，并为这些适用于人力资源管理开发的程序提供技术支持；<br>3. 负责为管理层提供人力资源报告的两周报、月报、季报、半年报和年报；<br>4. 协助管理层制定并实施标准化的岗位描述、绩效管理、招聘、纪律和解雇员工；<br>5. 协助管理层进行员工学习和发展活动，包括培训和能力建设；<br>6. 协助管理层处理关于工资等级、升职加薪、福利和赔偿的问题；<br>7. 维护组织机构管理业务处理流程文件；<br>8. 协助人力资源 IT 系统用户培训的开发和交付；<br>9. 与各部门员工紧密合作；<br>10. 按要求出席培训课程；<br>11. 完成交办的其他任务 |
| 资格和经历要求 | 1. 具备公认资格的人力资源或相关领域的大专文凭；<br>2. 必须有 5 年以上的公用事业和/或公共/私营机构的人力资源工作经历；<br>3. 必须了解本地和区域的劳动法；<br>4. 必须准备通过参与内部和外部培训和开发，进一步开发业务或领导技能；<br>5. 具有主动性和成熟的判断力，能够做出和执行正确的决策 |

表 D. 23　　　　　　　　　　　22 号 岗 位 简 介

| 22号岗位 | 主管会计师（高级会计师，Senior Accountant） |
|---|---|
| 汇报对象 | 财务和行政经理（Financial and Administration Manager） |
| 岗位摘要 | 作为 XYZ 水电公司（XYZ）的关键成员，主管会计师直接向财务和行政经理汇报，并与 XYZ 水电项目（XYZHP）的水力发电厂经理、首席运营工程师和首席维护工程师密切合作 |
| 职责和任务 | 1. 监督会计部门高效可靠的运作；<br>2. 协调 XYZ 公司各运营部门、维护部门和行政部门之间的预算和财务活动；<br>3. 负责 XYZ 员工的工资单管理；<br>4. 负责月度、季度和年终的运维和行政管理（OM&A）支出报告，包括编制公司年度和季度报告、公司管理报告、年度同比分析和年终工作报告；<br>5. 负责月度、季度和年终基建资本支出报告，包括项目差异分析总结；<br>6. 协助协调和汇总（rollup）公司年度运维和行政管理预算提交；<br>7. 负责通过财务分析和结果解释提供财务和会计事项的职能和技术指导及专业意见，提供针对当地财务资源使用和控制的变更和改进建议；<br>8. 负责协调客户查询、支付欠款（arrears）、财务脱节问题等；<br>9. 负责编制月度、季度和年度的运营和行政费用报告，将实际成本与批准的预算和预测进行比较；<br>10. 负责编制合并的等效全职员工报告，并对月度管理报告进行分析；<br>11. 协助财务人员进行财务系统报告查询；<br>12. 按要求出席培训课程；<br>13. 完成交办的其他任务 |
| 资格和经历要求 | 1. 具备公认资格的会计、商业管理和或相关领域的大学本科学位；<br>2. 具备公认的注册会计师资格；<br>3. 必须有 15 年以上的在中小企业、公共或私人机构担任财务总监（controller）、主管会计师的相关经历；<br>4. 必须对国际会计准则和最佳实践有全面的工作知识；<br>5. 必须准备通过参与内部和外部培训和开发，进一步开发业务或领导技能；<br>6. 具有主动性和成熟的判断力，能够做出和执行正确的决策 |

**表 D.24**　　　　　　　　　　　　　**23 号 岗 位 简 介**

| 23号岗位 | 初级会计师（助理会计，Junior Accountant） |
|---|---|
| 汇报对象 | 主管会计师（高级会计师，Senior Accountant） |
| 岗位摘要 | 　作为 XYZ 水电公司（XYZ）的关键成员，初级会计师直接向主管会计师汇报，并与 XYZ 水电项目（XYZHP）的支持员工密切合作 |
| 职责和任务 | 1. 履行普通会计职责（即数据录入和归档）；<br>2. 负责会计对账（accounting reconciliation）工作、月末结账（closing）、会计报表、会计分析等；<br>3. 确保所有报告准确无误，并在规定期限内完成流程；<br>4. 编制公司的经营损益绩效和管理报告；<br>5. 协助编制预算和实施新项目；<br>6. 编制并归档公司税务；<br>7. 协助财务人员进行财务系统报告查询；<br>8. 按要求出席培训课程；<br>9. 完成交办的其他任务 |
| 资格和经历<br>要求 | 1. 具备公认资格的商业管理/会计和或相关领域的大学本科学位/文凭；<br>2. 具备公认的注册会计师资格；<br>3. 必须有 5 年以上的在大型公共和或私人机构担任会计师的相关经历；<br>4. 必须通晓本地和国际会计准则和最佳实践；<br>5. 必须准备通过参与内部和外部培训和开发，进一步开发业务或领导技能；<br>6. 具有主动性和成熟的判断力，能够做出和执行正确的决策 |

**表 D. 25**                      **24 号 岗 位 简 介**

| 24 号岗位 | 采购专员（采购干事，Procurement Officer） |
|---|---|
| 汇报对象 | 主管会计师（高级会计师，Senior Accountant） |
| 岗位摘要 | 　　作为 XYZ 水电公司（XYZ）的关键成员，采购专员直接向主管会计师汇报，并与 XYZ 水电项目（XYZHP）的水力发电厂经理、首席运营工程师和首席维护工程师密切合作 |
| 职责和任务 | 　　1. 负责在采购货物和服务方面向员工提供研究支持、行政支持和技术支持，以确保信息的准确性、及时性，并遵守相关法律、政策和程序；<br>　　2. 负责根据内部控制和公共部门相关采购法规，为采购文书和合同的编制、处理和维护提供支持。对投标书（tenders）、RFP、RFQ、当地采购订单等使用进行初步需求评估和确定；<br>　　3. 负责协调、参与和/或处理各种采购活动，包括开标（bid openings）、变更单（change orders）、保证金（security deposits）、进度款（progress payments）、合同等；<br>　　4. 协助管理年度服务和供应合同；<br>　　5. 发展和维护供应商关系；<br>　　6. 负责维护计算机化采购系统；<br>　　7. 负责关于采购、内部控制和相关法律事宜与供应商和员工保持联络；<br>　　8. 负责协调交货计划（delivery schedules），监控进度，并与客户和供应商联络以解决问题；<br>　　9. 负责从财务角度协调资产处置；<br>　　10. 负责提供相关政策和程序的输入和维护，包括合同管理手册和采购模板；<br>　　11. 负责维护电子的和手工的采购记录；<br>　　12. 完成交办的其他任务 |
| 资格和经历要求 | 　　1. 具备公认资格的商业管理和或相关领域的大学本科学位/文凭；<br>　　2. 具备公认的注册采购师资格；<br>　　3. 必须有 5 年以上的在大型公共和或私人机构担任采购专员的相关经历；<br>　　4. 必须准备通过参与内部和外部培训和开发，进一步开发业务或领导技能；<br>　　5. 具有主动性和成熟的判断力，能够做出和执行正确的决策 |

**表 D. 26**　　　　　　　　　　　　　　**25 号 岗 位 简 介**

| 25号岗位 | 仓库主管（Storekeeper） |
|---|---|
| 汇报对象 | 主管会计师（高级会计师，Senior Accountant） |
| 岗位摘要 | 作为 XYZ 水电公司（XYZ）的关键成员，仓库主管直接向主管会计师汇报，并与 XYZ 水电项目（XYZHP）的支持员工密切合作 |
| 职责和任务 | 1. 负责履行仓储的关键职责；<br>2. 负责跟踪公司物料库存，提供报表，确保报表准确及时；<br>3. 协助订货和购买材料，确保库存水平保持在适当水平，并按要求采购服务；<br>4. 研究材料采购选项，并编制管理报告；<br>5. 确保所有订购的材料符合各订购部门制定的规范；<br>6. 负责按要求定期进行库存和仓库维护活动（包括清点和抽样）；<br>7. 跟踪所有订单和发票，保持准确记录；<br>8. 按要求出席培训课程；<br>9. 完成交办的其他任务 |
| 资格和经历<br>要求 | 1. 具备公认资格的商业管理/会计和或相关领域的大专文凭；<br>2. 必须有 5 年的在大型公共或私人机构担任会计师/仓库管理员的相关经历；<br>3. 具备全面了解供应链管理的原则、技术和程序；<br>4. 熟悉会计/物料管理软件；<br>5. 必须准备通过参与内部和外部培训和开发，进一步开发业务或领导技能；<br>6. 具有主动性和成熟的判断力，能够做出和执行正确的决策 |

**表 D.27**　　　　　　　　　　　　　　26 号 岗 位 简 介

| 26号岗位 | 城镇（驻地）行政主管〔Townsites（colonies）Administrator〕 |
|---|---|
| 汇报对象 | 主管会计师（高级会计师，Senior Accountant） |
| 岗位摘要 | 作为 XYZ 水电公司（XYZ）的关键成员，驻地行政主管直接向财务和行政经理汇报，并与 XYZ 水电项目（XYZHP）的管理层密切合作 |
| 职责和任务 | 1. 负责公司房屋和设施的物业管理服务；<br>2. 负责安保、食堂、宾馆、诊所、供排水管理、垃圾收集、建筑物维护、住宅维护、道路和进场通道等承包服务；<br>3. 负责编制年度预算，与会计人员一起跟踪成本，为管理层准备月度报告；<br>4. 负责月度、季度和年终资本支出报告，包括项目差异分析总结；<br>5. 按要求出席培训课程；<br>6. 完成交办的其他任务 |
| 资格和经历要求 | 1. 具备公认资格的商业管理和或相关领域的大学本科学位/文凭；<br>2. 必须有 10 年以上的在大型公共和或私人机构担任物业经理/物业监督的相关经历；<br>3. 必须准备通过参与内部和外部培训和开发，进一步开发业务或领导技能；<br>4. 具有主动性和成熟的判断力，能够做出和执行正确的决策 |

# 附录 E　绩效度量：关键绩效指标

在电力工业内部，人们已经制定了数百个绩效指标，并对这些指标进行了比较。正如第 2 章步骤一所述，进行测量和比较的原因是确定实际绩效是否达到运维战略中设定的目标，是否与本行业内其他绩效具有可比性。

人们将实际绩效与内部制定的目标进行比较，旨在确定并指导有助于公司实现其总体目标（overall objectives）的行动。本公司与其他公司的比较是为了确定本行业内表现最好的公司，理解最佳实践，然后向这些表现出色的公司学习以提高其水电设施的自身总体绩效。

## E.1　绩效度量和内部比较 (Performance measurement and internal comparisons)

大多数电力设施都会制定绩效指标，帮助其制定（和指导）所要求的行动，以确保该电力设施达到其年度企业战略计划（商业计划）中规定的长期目标和阶段性目标（goals and objectives）。在实践中，首先制定长期目标和阶段性目标，然后制定措施和相应的指标值（measures and corresponding targets），然后对实际绩效与指标绩效（target performance）进行比较。为了确保该公司的业务计划不会过于关注一个或两个"绩效领域"（如财务和可靠性），因此在绩效频谱范围内确定了许多目的和目标，并随之创建了关键绩效指标（KPI）来监控该频谱范围内的绩效。

许多电力公用事业公司最常见关注的绩效领域是安全、财务、电厂（机组）、环境影响和人力资源。

在这些绩效领域内，常用的关键绩效指标见表 E.1。

表 E.1　　　　　　　　　　通 用 关 键 绩 效 指 标

| 绩效领域 | 关 键 绩 效 指 标 |
|---|---|
| 安全绩效 | ● 工伤损失小时数（也称事故发生率）<br>● 工伤损失的人日数（也称为事故严重程度）<br>● 高风险事故的数量<br>● 其他"领先（leading）"指标<br>　■ 班组主管"工作现场"访问的百分比<br>　■ 员工参加安全会议/安全培训计划<br>　■ 事故调查建议的执行情况 |
| 财务绩效 | ● 运维成本/运维预算（%）<br>● 资本支出的成本/资本预算（%）<br>● 特定维护工作指令的成本/特定维护工作指令预算（%） |
| 电厂（机组）绩效 | ● 电厂可利用率<br>● 机组强迫停运率<br>● 其他"领先"指标<br>　■ 应急工作量/总工作量（%）<br>　■ 完成的维护工作量/计划的维护工作量（%）<br>　■ 调查的停运百分比（履行的肇因分析）<br>　■ 停运调查推荐建议实施的百分比 |

续表

| 绩效领域 | 关 键 绩 效 指 标 |
|---|---|
| 环境影响<br>绩效 | <ul><li>对环境有害产品［油、六氟化硫（$SF_6$）等］的排放数量</li><li>大坝安全违规次数</li><li>生活用水和污水处理不合格发生次数</li><li>其他"领先"指标<ul><li>从主要储存容器中意外释放有害产品的次数</li><li>接受应急响应培训的员工百分比</li><li>接受大坝安全培训的员工百分比</li><li>审查泄洪响应手册的员工百分比（每年）</li></ul></li></ul> |
| 员工技能和<br>关系 | <ul><li>有个人发展计划的员工百分比</li><li>完成绩效评审的百分比</li><li>达到个人发展计划目标的员工百分比</li><li>员工满意度指数调查员工数</li></ul> |

### E.2 水电绩效度量和外部比较（对标基准）

如果要与其他公用事业公司进行绩效度量比较（也称为"对标基准"），则必须与类似的公共设施/电厂进行比较，并以类似的方式收集和分析数据。比较两个不同类别的公共设施的绩效性能或比较未以相同方式收集的数据没有任何用处。以公开一致的方式收集和共享关键绩效指标数据（绩效度量信息）是非常重要的。

有若干个协会鼓励制定对标基准，并且它们向其成员提供所要求的度量和分析指南（或标准），以确保比较是有意义和一致的。这些协会允许成员：

（1）与其他成员公共设施对标其绩效数据（KPI）。

（2）向"同类最好（best in class）"的组织机构学习。

（3）分享成功与失误。

（4）集体解决问题。

（5）为持续改进而努力。

北美协会的例子包括电力公用事业成本集团（EUCG公司）、加拿大电力协会（CEA）和国家水电协会（NHA）。

**EUCG公司**（前身为电力公用事业成本集团）是公用事业专业人士的一个国际协会，这些专业人士共享信息，旨在提高其绩效和竞争力。这些国际成员致力于提高准确的、高质量的和高效率的数据管理，正是由于这种奉献精神，EUCG能够向其成员提供最先进的电厂绩效数据。EUCG每半年举办一次会议和研讨会，大约有110名世界主要国际公用事业公司的代表参加。在这些活动中，各成员之间建立联系，可以分享可靠的信息和最佳做法。

在EUCG公司内部成立了一个委员会，为水电行业的"能源绩效信息"提供标准。该委员会被称为水电生产力委员会（HCP）。

基准关键绩效指标（KPI）主要分为3类。尽管这3类中的每一类都有许多关键绩效指标，但每一类中有两个最重要的关键绩效指标，详见表E.2。

为了确保公用事业之间能够进行有效的绩效指标比较，EUCG的水电生产力委员会为各种数据输入提供了非常详细的定义。这些定义包含在用户指南和数据目录中，可供EU-

CG 成员使用。

**表 E.2** 关于绩效、成本和人员中的两类关键指标

| 类别 | 指标 | 指标说明 |
|---|---|---|
| 绩效组 | 可利用率系数（Availability factor，AF）：水电设施管理维护计划以保持机组（电站）处于良好运行模式的指标 | 可利用率系数（以百分比表示）计算如下：<br>AF＝（可利用小时数/报告期小时数）×100<br>此处可利用小时数是如下 4 项之和：<br>● 运行小时数（机组并网时的小时数）<br>● 备用停机时间（机组可用，但因经济原因停机）<br>● 泵送小时数（适用时指涡轮/发电机作为泵/电机运行的小时数）<br>● 冷凝时间（适用时发电机作为同步冷凝器运行的时间） |
| 绩效组 | 强迫停机率（Forced outage rate，FOR）：设备健康状况的指标 | 强迫停机率（以百分比表示）计算如下：FOR＝［强迫停机小时数/（强迫停机小时数＋运行小时数）］×100<br>此处，强迫停机小时数是机组因立即、延迟和推迟的强迫停机而离线的所有小时数的总和。根据定义，一次强迫停运是指由计划外组件故障或其他工况要求机组立即或在下周末之前停止运行时引起的一次停运。<br>运行小时数是机组并网时所有小时数的总和 |
| 成本组 | 单位机组发电成本（Production cost per unit）：在给定的报告期内，每单位发电量 MWh 的总生产成本 | 单位机组发电成本表示为：<br>（运营成本＋维护成本）/总发电量(MW·h)<br>运营成本是指直接影响或控制电厂/水电设施运行或针对其具体结果是产生电能的整个系统管理的成本项目、活动或服务。不包括电力营销（交易）活动<br>维护成本是专门针对支持或确保设备或设施在需要时可用以支持该电厂/该水电设施运行的成本活动 |
| 成本组 | 单位装机容量发电成本（Production cost per installed capacity）：指在给定报告期内，总装机容量与发电量相关的总生产成本 | 单位装机容量发电成本表示为：<br>（运营成本＋维护成本）/总装机容量(MW)<br>运营成本是指直接影响或控制电厂/水电设施运行或针对其具体结果是产生电能的整个系统管理的成本项目、活动或服务。不包括电力营销（交易）活动<br>维护成本是专门针对支持或确保设备或设施在需要时可用以支持该电厂/该水电设施运行的成本活动 |
| 人员组 | 单位机组全职等效员工人数（Full time equivalent，FTE）：指在给定报告期内与单位发电量 MW·h 相关的员工总数 | 单位机组全职等效人数表示为：全职等效员工的总数/总发电量(MW·h)。<br>全职等效员工总数（FTE）＝（全部常规工作小时数＋全部加班小时数）/单个全职等效员工小时数。<br>此处，常规工作小时数（regular hours）是指在电厂现场工作的所有正常工作小时数（非加班），用于该电厂的运营、维护或支持功能。<br>加班小时数（overtime hours）是指在电厂的运营、维护或支持功能中，在电厂现场工作的所有非常规工作小时数。<br>单位全职等效员工工时（hours per FTE）是指电厂长期雇员在常规带薪工作时间内的工作小时数 |
| 人员组 | 单位装机容量全职等效员工人数（Full time equivalent，FTE）：指在给定报告期内与总装机容量与发电量相关的员工总数 | 单位装机容量全职等效人数表示为：全职等效员工的总数/总装机容量（MW）。<br>全职等效员工总数（FTE）＝（全部常规工作小时数＋全部加班小时数）/单个全职等效员工小时数。<br>此处，常规工作小时数（regular hours）是指在电厂现场工作的所有正常工作小时数（非加班），用于该电厂的运营、维护或支持功能。<br>加班小时数（overtime hours）是指在电厂的运营、维护或支持功能中，在电厂现场工作的所有非常规工作小时数。<br>单位全职等效员工工时（hours per FTE）是指电厂长期雇员在常规带薪工作时间内的工作小时数 |

　　**加拿大电力协会**（Canadian Electricity Association，CEA）：加拿大的水电设施每年向 CEA 组织内的数个小组提交数据。第一个是企业绩效和生产力评估委员会（Committee on Corporate Performance and Productivity Evaluation，COPE），该委员会建立了超过 227 个关键绩效指标，以便对如下领域的绩效进行比较：

　　（1）24 个企业总体的键绩效指标（corporate KPIs）。

　　（2）66 个客户服务的关键绩效指标（customer services KPIs）。

　　（3）45 个配电的关键绩效指标（distribution KPIs）。

　　（4）28 个输电的关键绩效指标（transmission KPIs）。

　　（5）19 个企业服务的关键绩效指标（corporate KPIs）。

　　（6）45 个电力供应的关键绩效指标（power supply KPIs）。

　　水电设施向其提交数据的第二个 CEA 小组是停运统计咨询委员会（Consultative Committee on Outage Statistics，CCOS），该委员会每年报告其设备可靠性信息系统（Consultative Committee on Outage Statistics，ERIS）。该委员会确定了发电机组绩效方面的前十佳执行者。ERIS 数据提交需要报告发电机组在给定时间内所做的每一个状态更改，并根据该信息计算关键绩效指标（KPI）。本系统无发电量报告。

　　电站的状态变化的报告内容有：

　　（1）可利用的状态：

　　1）运行（O）。

　　2）在强制降额下运行（operating under forced derating，OFD）。

　　3）在计划降额下运行（operating under scheduled derating，OSD）。

　　4）可利用但不运行（available but not operating，ABNO）。

　　5）可利用但不运行强制降额（available but not operating forced derating，ABNO - FD）。

　　6）可利用但不运行计划降额（available but not operating scheduled derating，AB-NO - SD）。

　　（2）不可利用状态：

　　1）强迫停机（forced outage，FO）。

　　2）强制延长维护停机（forced extension of maintenance outage，FEMO）。

　　3）计划强制延期的停机（forced extension of planned outage，FEPO）。

　　4）维护停机（maintenance outage，MO）。

　　5）计划停机（planned outage，PO）。

　　因此 ERIS 关键绩效指标（KPIs）报告的内容是：

　　（1）失能系数（incapability factor，ICbF）：总等效停机时间（小时）与单位机组小时数之比。

　　（2）降额调整强迫停机率（de - rated adjusted forced outage rate，DAFOR）：等效强迫停机时间与等效强迫停机时间加上总等效运营时间之比。

　　（3）可利用但不运行系数（available but not operating factor，ABNOF）：（ABNO＋ABNO - FD＋ABNO - SD)/单位机组小时。

注：其他参考资料如下：

（1）EUCG website：www. eucg. org

（2）CEA website：www. canelect. ca

（3）NHA website：www. hydro. org

# 附录 F  编制运维战略的工作大纲模板

本模板可由业主根据当地环境和需要进行调整。[斜体] 之间的项目需要特别定制。工作大纲也会根据运维战略是针对现有水电机组还是绿地项目进行调整。

## F.1  编制 [水力发电厂名称或水电设施设施名称、国家] 运维战略工作大纲

1. 背景和环境

水电是最大的可再生能源，占世界可再生能源发电量的三分之二。为了优化可利用的水电能力，高效的运营实务和有效的维护实务是至关重要的。在保护环境和保护员工及周围社区安全的同时，水电站要使利益相关方的利益最大化。运营和维护（O&M，简称运维，以下同）是指运营水力发电厂、水电项目或水电机组所要求的所有活动（不包括更换或建造新设施，但通常可包括现有部件大修和维护全面检修）。

随着新大坝的投产运行和新水电站的建设施工，水电运营商和水电设施管理者面临着水电运维方面的重大挑战。运维不善会造成重大的有形资产损失后果，包括发电损失、收入损失、高停机率、绩效损失，加上及时地重大修复/更换成本，这些成本通常远远高于预防性运维成本。运维不善带来的更为间接和长期的影响还包括对大坝安全、公众安全和环境安全的威胁，甚至可能导致紧急情况最终造成生命和财产损失。这不仅是归因于公用事业公司缺乏技术能力，而且归因于公用事业公司经营电厂的财务资源短缺。

[概述的内容如下：

（1）国家背景。

（2）本次咨询的目标水电机组，其现状和运维遇到的困难。

（3）关键利益相关方，包括客户等]。

在这种情况下，[客户] 寻求咨询公司的支持，制定一个运维战略以维持其水电站群的长期效率运行。拟议的运维战略应涵盖水电站群的整个生命周期，从试运行到运营和多次寿命延长/大修计划，直至退役、拆卸或重建，同时为未来 [5～15] 年度提供更多详细计划。

2. 咨询的目标

本次咨询应帮助 [客户] 为其水电站群准备、验证并获得批准一项特别的运维战略。该运维战略其中的目标是：

（1）减少停机时间，提高电厂和设备的可利用性。

（2）增加发电量。

（3）提高公共安全、员工安全和电厂安全。

（4）提高法律合规性、监管合规性、环境合规性和社会合规性。

（5）延长水电资产寿命。

（6）[继续]。

这种咨询服务的目标将通过如下主要活动来实现：

（1）过去［X］年运维绩效诊断。

（2）运维战略的设计（目标值和活动）。

（3）人力和财力估算。

（4）在验证和批准过程中提供支持。

（5）设计实施新战略的一个详细路线图［包括一个 5 年基建资本支出计划和来年运营计划］。

3. 咨询公司的工作内容（scope of work）

为了实现这些目标，咨询公司（consultant）应开展如下一系列活动：

步骤一：诊断现有运维绩效。咨询公司将（i）确定现有运营商的运营状况，和（ii）评估其运维的能力、程序和组织机构［或对于一个尚未开发水电站：评估预期运营商的运维能力］。通过该咨询公司提出的指标，咨询公司还将评估如下内容：安全绩效、财务绩效、电厂（机组）绩效、环境影响绩效和员工的技能、知识和关系。诊断应至少评估如下关键绩效指标（KPIs）：可利用性系数（AF）、强迫停机率（FOR）、事故发生率、事故严重程度率、对环境有害的产品（油、六氟化硫、R22 等）的排放次数（或数量）。在这一步中，咨询公司将（i）收集和分析所有可利用数据和诊断所需的数据，（ii）进行现场调查以进行目视检查（本阶段预计不会出现停机和/或设备拆卸），和（iii）与关键管理层和关键技术员工进行面谈（现场，但也包括企业层面/水电设施单位层面）。

在此基础上，咨询公司将准备一份该水电站群最关键部件的工况评估，以了解恢复、保护和/或现代化设施所需的任何工程的性质和范围。然后咨询公司将调查/分析所确定的需求是否合理（考虑到该水电设施的使用年限和运行时间），或者主要是由于运维实务不足而导致的；如果是，其根本原因是什么（肇因分析）。咨询公司还将评估是否也可能由于现场条件、原始设计中的错误、或质量不足或施工方法不足而需要整修。

咨询公司还将对业主和运营商的运维能力、组织机构和运维实务进行诊断。［对于新水电项目的开发商，这将需要考察预期运营商的经历和能力］除其他外，咨询公司将在企业层面和电厂层面对如下项目进行运营审查：

（1）运营商的运维程序和知识。

（2）运营商的组织机构、作用和责任。

（3）运营商组织机构的治理结构。

（4）员工的经历、资格和培训。

（5）该组织机构的留用和招聘程序。

（6）管理实体的可信度和管理效率。

（7）监管的设置和影响（规则、合同责任、限制、绩效要求、报告、独立监管/控制机构的存在等）。

（8）比较分配预算的支出和执行计划的支出。

（9）分配给运维项目资金的充足程度。

在此基础上，咨询公司将编制一份风险评估，以便优先考虑值得特别注意的科目/设备/资源/组织和能力特征。在准备此类风险评估时，咨询公司将评估每个主要方案组件

（或职能体系）是否存在故障的可能性及其后果，或影响（对安全性，但也影响收入）。根据可能性和影响的各种组合，对风险的严重程度进行分类。这种风险评估还将有助于确定战略活动的优先次序，并在需要时确定维修和翻修的要求。要求咨询公司在其建议书中详细说明此类风险评估的拟议方法。

如果需要改进运维时，咨询公司将提出并优先考虑要进行的变化，以消除业绩不佳的根源，如果需要的话包括业务环境的变化、运维财务资源的变化……还有当收入不足以支付成本时的收费结构和/或政府补贴。

作为本步骤的集成，咨询公司将编制一份诊断报告，如果认为有必要，该报告将包括对支持改进数据收集和相关诊断的活动/进一步措施/设备的推荐建议。在本阶段，咨询公司将确认推动该战略的关键绩效指标。

步骤二：确定运维战略的目标。在诊断的基础上，咨询公司将阐明并量化该战略要达到的运维目标。[在此阶段，客户强调$X/Y$方面的重要性，但要求咨询公司审查这些优先事项]。拟议的目标应该对该水电设施的总体业务指标和绩效目标有很大的贡献。拟议的目标还应符合最先进的技术操作规程、法律和监管要求，建立现代维护管理体系以保持并延长水电资产的使用寿命，确保水电资产和人民的安全，同时保护环境。在本阶段，咨询公司将集成、量化和评估拟议目标的预期边际技术效益和财务效益（与常规商业情景不变比较）。

步骤三：确定建立运维战略的活动。根据诊断结果和确定的目标，咨询公司将在此确定并提出旨在大幅降低肇因分析中确定的主要风险和消除其效率障碍的活动。在本阶段，咨询公司将特别确认要展开的总体（和/或每个职能体系）维护类型的推荐建议（预防性与纠正性、计划间隔、基于工况的或预测性……）。考虑到在成本方面的重要性，咨询公司将（i）评估主要设备/部件的维护需求，（ii）推荐相关战略（修理、大修或更换），并（iii）评估相关成本。这将转化为一个[5～15]年度的资本支出/大型维护计划，包括综合面向采购和成本的优化，最大限度地减少计划停机时间（和相关收入损失）等若干活动的高级别评估。顾问公司还将探讨如下方面的相关性和必要性：[筛选考虑/完全考虑的当地特殊性和优先事项的清单]现代化、升级、重新调整水电机组的部分用途，改进程序和质量标准，安装并培训计算机化维修管理系统（CMMS），有机会扩大的峰值容量和/或辅助服务，发展水力连接或浮动式太阳能等。咨询公司还将提供支持行动、协议和所要求特殊条款方面的建议，以确保为运维战略的成功创造一个有利的赋能商业环境。

然后咨询公司将评估（i）实施所有推荐活动的现有能力和（ii）外部支持/外包支持的潜在需求。

步骤四：选择最合适的运维合同模式。基于步骤三中选择的活动和诊断中评估的能力（如业主能力、当地人力资源可利用性、当前商业环境和政治环境…），咨询公司将考察运维合同模式，以便在内部实施和/或外部支持/外部合同之间分配活动。所考虑的不同类型的运维合同模式可分为如下3大类（咨询公司可根据当地特殊需要定制和进一步细化）：

然后咨询公司将评估（i）实施所有推荐活动的现有能力和（ii）外部支持/外包支持的潜在需求。

（1）模式1：业主单独保留运维的责任。

（2）模式 2：业主向咨询公司、承包商或供应商外包若干运维责任。

（3）模式 3：业主向一个独立的运营商外包所有的运维责任。

咨询公司将详细说明外部支持的潜在需求，需求范围从能力建设到培训活动、技术援助、服务合同、基于绩效的管理合同……［如认为有必要，可能不得不考虑承租协议或特许权经营安排的选择。］咨询公司还将起草拟议合同的关键条款，包括各方之间的风险和责任分配、基于时间付款和一次性付款的组成部分、奖金和罚款、衡量绩效的关键绩效指标（包括指标矩阵）说明。在此基础上，咨询公司将简要总结所有要实施的活动和合同，包括对采购方法、合同的估算成本和时间表的推荐建议。咨询公司还将推荐在责任矩阵中实施和采购这些活动的责任分配（如参考资料所示：https：//en.wikipedia.org/wiki/Responsibility_assignment_matrix）。

步骤五：组织机构和人员编制方案选择。根据步骤三和步骤四中提出的活动和合同安排，咨询公司要弥补步骤一中启动的差距分析，以便将当前可利用的员工和技能与实施运维战略所需要的人员和技能进行比较。咨询公司要推荐均衡的和临时的组织机构和人员编制安排，包括运维公司组织机构图和和现场组织结构图、所要求的岗位和职能、现有人员编制配置的潜在调整、招聘时间指导和培训需求等。咨询公司还要为所有关键（现有和/或新招聘）员工发布岗位责任说明（包括教育和资格要求）。

咨询公司还要提出加强职业管理和人力资源激励的推荐建议，以激励员工在公司内长期发挥并重视其技能。在重大活动外包的情况下，咨询公司还要提出安排，最大限度地提高内部资源的在职培训，并在相关情况下使运营商能够在外包合同结束时使这些员工内部化/进行调动。

步骤六：财务资源估算。咨询公司要估算执行运维推荐战略所需要的主要运营支出和基建资本支出。咨询公司还要规划并估算 5 年期内所需要的总体运维预算和预计的长期主要维护工作，以及［10～15 年］内的主要资本更换和大修项目。通过这样做，咨询公司应确保规划了一个足够的预算，以便水电设施能够按照目标值和良好行业实践进行运营和维护。

步骤七：战略的验证。咨询公司要进行成本效益分析（包括若干敏感性分析），以验证该运维战略的财务可行性。在此基础上，如有需要，咨询公司要对步骤二中确定的目标值、步骤三中推荐的活动及其相关成本进行调整，直至实现预测的财务可持续性。成本效益分析应包括直接和间接的成本与收入，包括停机期间的能源发电损失。还要评估保险需求和保险成本。

咨询公司还要组织内部（以及在需要的情况下外部）利益相关方咨询［客户提供的广泛清单］，在此基础上，咨询公司要提出该战略调整的方案。

步骤八：制定实施战略的路线图。咨询公司要制定一份详细的路线图，以支持客户实施该战略。在与运维管理团队的密切合作下，咨询公司还要编制下一个 5 年资本项目计划和下一年年度运营计划，该计划将确定下一年的活动和启动运维改善活动。咨询公司还要提供监测和绩效衡量方面的指导，以确保所实施战略的有效性。

该水电设施管理将由咨询公司密切参与该过程的每一步。作为一个反复迭代的过程，上述所有活动将始终与部长级对应机构［待列出清单］密切协调进行。

[客户可在此添加对咨询公司的任何要求，以支持该战略的实际实施或任何其他预期任务，例如大坝安全。]

4. 可交付的成果和产出（deliverables and outputs）

服务期限为合同签订后数［7］个月（$t_0$）[服务期限根据该策略中包含该水电站群规模进行调整]。

咨询公司应在下列期限内提交如下可交付成果：

表 F.1 咨询公司交付成果

| 序号 | 标签 | 内容 | 时间表 |
|---|---|---|---|
| A | 开题报告 | 更新方法和工作计划。收集数据 | $t_0+$ 1个月 |
| B | 步骤一和步骤二报告：诊断和目标 | 1. 对电厂（或机组）绩效和运营商能力进行定量和定性评估的详细诊断。<br>2. 确保水电设施可持续运维所需要的战略目标 | $t_0+$ 2个月 |
| C | 步骤三和步骤四报告：活动和合同安排 | 报告将包括审查所考察的所有备选方案/活动和合同安排，并就不同方案选择的利弊进行比较讨论 | $t_0+$ 3个月 |
| D | 步骤五、六、七报告：人力资源安排和成本效益估算 | 详见工作内容。包括利益相关方的咨询 | $t_0+$ 4个月 |
| E | 运维战略 | 所有步骤的关键成果-独立的文件 | $t_0+$ 5个月 |
| F | 步骤八：实施计划 | 支持客户实施该战略的详细路线图＋下一个五年资本项目计划＋下一年年度运营计划 | $t_0+$ 6个月 |

报告最终稿要在收到评论意见后两周内提交。客户承诺在收到报告草稿后两周内提出评论意见。

顾问公司还要组织两个研讨会：一个用于汇报展示可交付成果 B 和成果 C 的关键产出，另一个用于汇报展示可交付成果 D。

顾问公司还被要求建立一个在线共享数据库，该数据库要汇集收集到的所有信息。数据库要在任务结束时移交给客户。

5. 资格要求

咨询公司应在过去［10］数年内至少执行过一份类似合同。咨询公司应至少具备水电运营和维护、机电工程、资产管理、商业计划和财务分析方面的技能。咨询公司应具有较强的人际交往和沟通能力，能够与水电设施和电厂各级员工进行交流互动。

拟聘用的关键人员应符合下表所列的资格和要求。此外，所有员工必须精通［英语］（书面和口头）语言，并精通标准计算机工具（如 Microsoft Office 系列软件）的使用。请咨询公司在其建议书中列出（i）在认为相关情况下对拟议关键人员的调整，和（ii）任何其他非关键专家。在相关的情况下，可以为不同的职位提交一份单独的简历。

被指定为项目负责人（Team Leader）的人还必须具备优秀的项目管理技能和良好的口头和书面沟通能力。对［语言］的了解不是强制性的，而是一种财富。

[标题和要求可根据当地特点和客户期望进行调整。]

表 F. 2　　　　　　　　　　　项目组关键成员的资格和要求

| 职务/职称 | 经历年数/年 | 专长（specific expertise） |
|---|---|---|
| 运维专家<br>[项目负责人] | 12 | 7 年以上水电站群运维经历，其中 5 年以上管理经验。对技术、财务、管理、人力资源、HSE 等方面有综合看法的多面手优先考虑。有理解和管理与运维相关的企业问题和治理问题的经历优先考虑 |
| 机电工程师 | 10 | 具有 7 年以上机电设备运维经历的工程师。具备关键水电设备的技术知识，包括水轮机、闸门、阀门、压力管道等 |
| 控制和保护专家<br>/SCADA 专家 | 10 | 电气工程师或技师作为关键员工至少参与 3 个水电站项目的控制和保护以及 SCADA 系统的设计（和可能的运维） |
| 人力资源专家、<br>能力建设专家 | 10 | 具有 10 年以上人力资源开发经历的专业人士。提议的候选人必须熟悉能源行业的要求，最好熟悉水电行业的要求。他/她必须有至少两个项目的经验，其中进行过技能差距分析，并应证明成功实施了推荐的项目。有与发展中国家当地员工合作的良好记录至关重要。对其 [国家/地区] 状况的了解被视为一项资产 |
| 财务分析师 | 7 | 在各种来源发电方面的经历中，包括至少两个非洲水电项目的经历。熟悉国际和区域的环境和社会政策以及世行与水电开发相关的环境和社会框架，也可以有利比里亚和该区域的法律框架和财产/土地问题。 |

　　[其他可被视为关键或非关键的员工有：水力机械工程师；成本估算员；电气工程师（变电站和输电）；土木工程师；健康、环境和社会专家]

　　要求咨询公司在其建议书中提供关键人员简历、拟议的方法和每一步所需要的行动。

6. 报告和体制安排

咨询公司要在业主 [增加职能] 的直接指导/监督下开展工作。

实施服务的方法应成为咨询建议书的一部分。

　　由 [电厂或公用事业经理] 主持的指导委员会要在每一步结束时召开会议，分享结果并验证可交付成果。项目委员会 [人员小组-根据要求列出职责] 要与咨询公司会面并评估项目进展。

7. 客户输入（client inputs）

　　[客户名称] 要向咨询公司提供所有必要的项目文件，并支持咨询公司收集数据和安排必要的会议。[客户名称] 还将在 [地点] 安排办公场所。

　　[关于每一步的方法和产出的进一步指导，咨询公司可查阅世行编制的在线手册。]

# 附录G 运营成本的模板（含说明性数据）

| A | 总 部 和 行 政 部 门 | | | | | | 合计 |
|---|---|---|---|---|---|---|---|
| A1 | 员工职位 | 员工/值班 | 班次数 | 员工数 | 全勤人工费率[1] | 年度费用 | |
| | | 数量 | 数量 | 数量 | 美元/年 | 美元/年 | |
| | 总经理 | 1 | 1 | 1 | 75000 | 75000 | |
| | 人事经理 | 1 | 1 | 1 | 50000 | 50000 | |
| | 会计师 | 1 | 1 | 1 | 40000 | 40000 | |
| | 行政助手 | 1 | 1 | 1 | 20000 | 20000 | |
| | 秘书 | 2 | 1 | 2 | 15000 | 30000 | |
| | 司机 | 2 | 1 | 2 | 15000 | 30000 | |
| | 蓝领工人（laborer） | | 1 | 0 | | 0 | |
| | 保安 | 1 | 4 | 4 | 10000 | 40000 | |
| | 小计 | | | 12 | | 285000 | 285000 |

注：对于三班制操作，允许额外轮班休假/轮换。

[1] 人工费率包括休假、社会成本、雇主养老金贡献和其他员工相关成本。

| A2 | 行政费用 | 单位 | 费率 | 数量 | 年度费用 | 小计 | 合计 |
|---|---|---|---|---|---|---|---|
| | | | 美元/单位 | | 美元/年 | 美元/年 | |
| | 公用事业 | 月 | 1000 | 12 | 12000 | | |
| | 通信和邮政 | 月 | 800 | 12 | 9600 | | |
| | 旅行和住宿 | 月 | 1500 | 12 | 18000 | | |
| | 报刊费 | 月 | 150 | 12 | 1800 | | |
| | 印刷和文具 | 月 | 250 | 12 | 3000 | | |
| | 休闲娱乐 | 月 | 250 | 12 | 3000 | | |
| | 办公设备摊销 | 月 | 5000 | 1 | 5000 | | |
| | 家具摊销 | 月 | 5000 | 1 | 5000 | | |
| | 广告 | 月 | 250 | 12 | 3000 | | |
| | 杂项费用 | 月 | 1000 | 1 | 1000 | | |
| | 办公室保洁 | 月 | 250 | 12 | 3000 | | |
| | 小计 | | | | 64400 | 64400 | |
| A3 | 费用和设施相关成本 | 单位 | 费率 | 数量 | 年度费用 | 小计 | 合计 |
| | 办公室保险 | 年 | 3000 | 1 | 3000 | | |
| | 税费 | 年 | 10000 | 1 | 10000 | | |
| | 企业保险 | 年 | 150000 | 1 | 150000 | | |

| A3 | 费用和设施相关成本 | 单位 | 费率 | 数量 | 年度费用 | 小计 | 合计 |
|---|---|---|---|---|---|---|---|
| | | | 美元/单位 | | 美元/年 | 美元/年 | |
| | 发电许可证 | 年 | 50000 | 1 | 50000 | | |
| | 办公服务小费 | 月 | 200 | 12 | 2400 | | |
| | 商业注册费 | 年 | 500 | 1 | 500 | | |
| | 利息和银行手续费 | 年 | 1000 | 1 | 1000 | | |
| | 小计 | | | | 216900 | 216900 | |
| A4 | 车辆、工具和设备 | 单位 | 费率 | 数量 | 年度费用 | 小计 | 合计 |
| | 4×4摊销 | 年 | 10000 | 1 | 10000 | | |
| | 车的摊销 | 年 | 6000 | 1 | 6000 | | |
| | 4×4维护 | 年 | 5000 | 1 | 5000 | | |
| | 维修车辆 | 年 | 2500 | 1 | 2500 | | |
| | 四驱车公路税 | 年 | 500 | 1 | 500 | | |
| | 车辆公路税 | 年 | 250 | 1 | 250 | | |
| | 四驱车保险 | 年 | 1000 | 1 | 1000 | | |
| | 车辆保险 | 年 | 500 | 1 | 500 | | |
| | 小计 | | | | 25750 | 25750 | |
| A5 | 燃料和消耗品 | 单位 | 费率 | 数量 | 年度费用 | 小计 | 合计 |
| | 车辆燃料 | 月 | 1000 | 12 | 12000 | | |
| | 办公消耗品 | 月 | 500 | 12 | 6000 | | |
| | 小计 | | | | 18000 | 18000 | |
| A6 | 外部服务 | 单位 | 费率 | 数量 | 年度费用 | 小计 | 合计 |
| | 审计员 | 年 | 20000 | 1 | 20000 | | |
| | 保洁员 | 月 | 200 | 12 | 2400 | | |
| | 培训 | 年 | 3000 | 1 | 3000 | | |
| | 法律服务 | 年 | 20000 | 1 | 20000 | | |
| | 咨询服务 | 年 | 20000 | 1 | 20000 | | |
| | 软件许可 | 年 | 10000 | 1 | 10000 | | |
| | 招聘服务 | 年 | 10000 | 1 | 10000 | | |
| | 小计 | | | | 85400 | 85400 | |
| | 总费用 | | | | | 410450 | 410450 |
| | 总部和行政运营开支合计 | | | | | | 695450 |

| B | 电 站 和 运 营 | | | | | 合计 |
|---|---|---|---|---|---|---|
| B1 | 员工职位 | 员工/值班 | 班次数 | 员工数 | 全勤人工费率[1] | 年度费用 | |
| | | 数量 | 数量 | 数量 | 美元/年 | 美元/年 | |
| | 电厂经理 | 1 | 1 | 1 | 60000 | 60000 | |
| | 首席运营工程师 | 1 | 1 | 1 | 50000 | 50000 | |
| | 值班主管 | 1 | 4 | 4 | 40000 | 160000 | |
| | 值班运营官 | 2 | 4 | 8 | 30000 | 240000 | |
| | 首席维护工程师 | 1 | 1 | 1 | 50000 | 50000 | |
| | 机械工程师 | 1 | 1 | 1 | 40000 | 40000 | |
| | 控制和保护工程师 | 1 | 1 | 1 | 40000 | 40000 | |
| | 土木工程师 | 1 | 1 | 1 | 40000 | 40000 | |
| | 技师 | 8 | 1 | 8 | 20000 | 160000 | |
| | 安全专员 | 1 | 1 | 1 | 30000 | 30000 | |
| | 环境和社会合规专员 | 1 | 1 | 1 | 30000 | 30000 | |
| | 人事经理 | 1 | 1 | 1 | 40000 | 40000 | |
| | 车间经理 | 1 | 1 | 1 | 30000 | 30000 | |
| | 车间技工 | 3 | 1 | 3 | 20000 | 20000 | |
| | 商店经理 | 1 | 1 | 1 | 30000 | 30000 | |
| | 秘书 | 2 | 1 | 2 | 15000 | 30000 | |
| | 蓝领工人 | 10 | 1 | 10 | 15000 | 150000 | |
| | 保洁员 | 4 | 1 | 4 | 10000 | 40000 | |
| | 司机 | 5 | 1 | 5 | 15000 | 75000 | |
| | 保安 | 5 | 4 | 20 | 10000 | 200000 | |
| | 小计 | | | 76 | | 1595000 | 1595000 |

注：对于三班制操作，允许额外轮班休假/轮换。
[1] 人工费率包括休假、社会成本、雇主养老金贡献和其他员工相关成本。

| B2 | 行政费用 | 单位 | 费率 | 数量 | 年度费用 | 小计 | 合计 |
|---|---|---|---|---|---|---|---|
| | | | 美元/单位 | | 美元/年 | 美元/年 | |
| | 公用事业 | 月 | 2500 | 12 | 30000 | | |
| | 通信和邮政 | 月 | 500 | 12 | 6000 | | |
| | 旅行和住宿 | 月 | 2000 | 12 | 24000 | | |
| | 印刷和文具 | 月 | 100 | 12 | 1200 | | |
| | 休闲娱乐 | 月 | 200 | 12 | 2400 | | |
| | 办公设备摊销 | 年 | 10000 | 1 | 10000 | | |
| | 家具摊销 | 年 | 10000 | 1 | 10000 | | |
| | 杂项费用 | 年 | 5000 | 1 | 5000 | | |
| | 小计 | | | | 88600 | 88600 | |

续表

| B3 | 费用和设施相关成本 | 单位 | 费率 | 数量 | 年度费用 | 小计 | 合计 |
|---|---|---|---|---|---|---|---|
| | | | 美元/单位 | | 美元/年 | 美元/年 | |
| | 税费 | 年 | 10000 | 1 | 10000 | | |
| | 路权和租金 | 年 | 75000 | 1 | 75000 | | |
| | 特许权使用费 | 年 | 50000 | 1 | 50000 | | |
| | 小计 | | | | 225000 | 225000 | |
| B4 | 车辆、工具和设备 | 单位 | 费率 | 数量 | 年度费用 | 小计 | 合计 |
| | 4×4 摊销 | 年 | 10000 | 6 | 60000 | | |
| | 公共汽车/卡车摊销 | 年 | 6000 | 4 | 24000 | | |
| | 4×4 维护 | 年 | 5000 | 6 | 30000 | | |
| | 维修公共汽车/卡车 | 年 | 2500 | 4 | 10000 | | |
| | 四驱车公路税 | 年 | 500 | 6 | 3000 | | |
| | 公共汽车/卡车公路税 | 年 | 250 | 4 | 1000 | | |
| | 四驱车保险 | 年 | 1000 | 6 | 6000 | | |
| | 公共汽车/卡车保险 | 年 | 500 | 4 | 2000 | | |
| | 维护工具摊销 | 年 | 50000 | 1 | 50000 | | |
| | 战略性备件摊销 | 年 | 100000 | 1 | 100000 | | |
| | 小计 | | | | 286000 | 286000 | |
| B5 | 燃料和消耗品 | 单位 | 费率 | 数量 | 年度费用 | 小计 | 合计 |
| | 车辆燃料 | 月 | 5000 | 12 | 60000 | | |
| | 办公消耗品 | 月 | 500 | 12 | 6000 | | |
| | 润滑剂 | 月 | 2000 | 12 | 24000 | | |
| | 消耗性备件 | 月 | 5000 | 12 | 60000 | | |
| | 小计 | | | | 150000 | 150000 | |
| B6 | 外部服务 | 单位 | 费率 | 数量 | 年度费用 | 小计 | 合计 |
| | 咨询服务 | 年 | 100000 | 1 | 100000 | | |
| | 培训 | 年 | 15000 | 1 | 15000 | | |
| | 软件许可 | 年 | 25000 | 1 | 25000 | | |
| | 小计 | | | | 140000 | 140000 | |
| | 总费用 | | | | | 889600 | 889600 |
| | 总部和行政运营开支合计 | | | | | | 2484600 |

附录

| C | 驻地、食堂和医疗设施 | | | | | | 合计 |
|---|---|---|---|---|---|---|---|
| C1 | 员工职位 | 员工/值班 | 班次数 | 员工数 | 全勤人工费率[1] | 年度费用 | |
| | | 数量 | 数量 | 数量 | 美元/年 | 美元/年 | |
| | 驻地行政主管 | 1 | 1 | 1 | 50000 | 50000 | |
| | 驻地维护工程师 | 1 | 1 | 1 | 35000 | 35000 | |
| | 蓝领工人 | 6 | 1 | 6 | 15000 | 90000 | |
| | 保安 | 4 | 4 | 16 | 10000 | 160000 | |
| | 食堂经理 | 1 | 1 | 1 | 40000 | 40000 | |
| | 厨师 | 2 | 1 | 2 | 25000 | 50000 | |
| | 食堂助手 | 2 | 1 | 2 | 15000 | 30000 | |
| | 医生 | 1 | 1 | 1 | 40000 | 40000 | |
| | 护士 | 3 | 1 | 3 | 20000 | 60000 | |
| | 救护车司机 | 1 | 1 | 1 | 15000 | 15000 | |
| | 司机 | 1 | 1 | 1 | 10000 | 10000 | |
| | 小计 | | | 35 | | 580000 | 580000 |

注：对于三班制操作，允许额外轮班休假/轮换。
[1] 人工费率包括休假、社会成本、雇主养老金贡献和其他员工相关成本。

| C2 | 行政费用 | 单位 | 费率 | 数量 | 年度费用 | 小计 | 合计 |
|---|---|---|---|---|---|---|---|
| | | | 美元/单位 | | 美元/年 | 美元/年 | |
| | 杂项费用 | 年 | 5000 | 1 | 5000 | | |
| | 建筑维护 | 月 | 5000 | 12 | 60000 | | |
| | 小计 | | | | 65000 | 65000 | |
| C3 | 费用和设施相关成本 | 单位 | 费率 | 数量 | 年度费用 | 小计 | 合计 |
| | | | 美元/单位 | | 美元/年 | 美元/年 | |
| | 保险 | 年 | 2000 | 1 | 2000 | | |
| | 税费 | 年 | 5000 | 1 | 5000 | | |
| | 小计 | | | | 7000 | 7000 | |
| C4 | 车辆、工具和设备 | 单位 | 费率 | 数量 | 年度费用 | 小计 | 合计 |
| | | | 美元/单位 | | 美元/年 | 美元/年 | |
| | 4×4摊销 | 年 | 10000 | 1 | 10000 | | |
| | 救护车/卡车摊销 | 年 | 6000 | 2 | 12000 | | |
| | 4×4维护 | 年 | 5000 | 1 | 50000 | | |
| | 维修救护车/卡车 | 年 | 2500 | 2 | 5000 | | |
| | 四驱车公路税 | 年 | 500 | 1 | 500 | | |
| | 救护车/卡车公路税 | 年 | 250 | 2 | 500 | | |
| | 四驱车保险 | 年 | 1000 | 1 | 1000 | | |
| | 救护车/卡车保险 | 年 | 500 | 2 | 1000 | | |

续表

| C4 | 车辆、工具和设备 | 单位 | 费率 | 数量 | 年度费用 | 小计 | 合计 |
|---|---|---|---|---|---|---|---|
| | | | 美元/单位 | | 美元/年 | 美元/年 | |
| | 食堂设备摊销 | 年 | 5000 | 1 | 5000 | | |
| | 维护工具摊销 | 年 | 50000 | 1 | 50000 | | |
| | 医疗设备摊销 | 年 | 20000 | 1 | 20000 | | |
| | 小计 | | | | 110000 | 110000 | |
| C5 | 燃料和消耗品 | 单位 | 费率 | 数量 | 年度费用 | 小计 | 合计 |
| | | | 美元/单位 | | 美元/年 | 美元/年 | |
| | 车辆燃料 | 月 | 2000 | 12 | 24000 | | |
| | 食品和用品 | 月 | 10000 | 12 | 120000 | | |
| | 医疗用品 | 月 | 1000 | 12 | 12000 | | |
| | 消耗性备件 | 月 | 1000 | 12 | 12000 | | |
| | 小计 | | | | 168000 | 168000 | |
| C6 | 外部服务 | 单位 | 费率 | 数量 | 年度费用 | 小计 | 合计 |
| | | | 美元/单位 | | 美元/年 | 美元/年 | |
| | 培训 | 年 | 2000 | 1 | 2000 | | |
| | 小计 | | | | 2000 | 2000 | |
| | 总费用 | | | | | 352000 | 352000 |
| | 驻地、食堂和医疗设施运营支出合计 | | | | | | 932000 |
| | 总人工费合计 | | | | | | 2460000 |
| | 总费用 | | | | | | 1652050 |
| | 水电设施总运营支出 | | | | | | 4112050 |

# 附录 H  案例研究摘要

下面的案例研究展示了实施运维战略的不同模式，并实用阐述了本书中描述的一些建议和良好实践。这 6 个案例研究（表 H.1）是由公用事业机构和私营公司编写的，其结构围绕前面所涵盖的关键步骤和主题，包括战略模式、人力资源管理和财务方面等。他们还带来了已筛选并应用运维战略的实施过程中应吸取的经验教训，同时就依然存在的挑战和未来方向交换了看法。

表 H.1                         6 个案例研究及其采用模式

| 案例序号 | 国　家 | 水电站名称 | 装机容量/MW | 运维模式 | 关　键　特　点 |
|---|---|---|---|---|---|
| 1 | 巴西 | 斯科（Statkraft） | 180（6座） | 1 | 采用内部运维和斯科方法 |
| 2 | 利比里亚 | 咖啡山（Mount Coffee） | 88 | 3 | 临时措施，同时培训员工执行模式1 |
| 3 | 尼日利亚 | 凯恩吉—杰巴（Kainji and Jebba） | 1338（2座） | 2 | 大多数运维活动由业主负责，但一些专业活动外包 |
| 4 | 巴基斯坦 | 新邦逃脱（New Bong Escape） | 84 | 3 | 名义上是模式3，但外包运维现在由业主的子公司承担，因此与模式1B相似 |
| 5 | 乌干达 | 纳鲁巴莱—基拉（Nalubaale and Kiira） | 380（2座） | 3 | 全部外包特许经营权 |
| 6 | 乌拉圭/阿根廷 | 萨尔托—格兰德（Salto Grande） | 1890 | 1 | 内部团队运维 |

案例研究阐述了这些模式下可用的选项，包括巴西的斯科（Statkraft）等设施（案例研究1），通过从模式3转型到模式1实现了重大改进。利比里亚的咖啡山（Mount Coffee，案例研究2）阐述了采用模式3作为临时措施的一种战略，并提供培训使公用事业机构能够恢复到模式1。

以下各小节对每个案例研究进行了总结。

## H.1　巴西可再生能源公司斯科水电站

2015 年 7 月，斯科（Statkraft）集团公司与巴西养老基金（FUNCEF，占 18.69% 股份）合作，接管了斯科可再生能源公司（Statkraft Energias Renovaveis，SKER，以下简称"斯科尔公司"）巴西公司的控制权，将其持股比例增至 81.31%。SKER 公司现有装机容量约 316MW，其中 128 MW 为陆上风力发电，188 MW 为水力发电。在过去 3 年（2015—2017 年）中，SKER 公司成功运营了 6 个水电设施（180 MW），平均可利用率为 97.7%。这被认为是这些水电资产的最佳水平。

2015 年，运营维模式采用有限所有权代表制，外包管理和外包执行（模式2）。到

2017 年，它转型为完全所有权控制的模式，由内部进行管理和执行（模式 1）。这使运维流程与斯科公司的商业计划及其长期目标保持一致。

斯科尔公司的运维战略侧重于以盈利能力为一个关键目标的商业运营，确保员工的健康、安全和人权受到重视和保护。

该职业健康和安全体系符合 OHSAS 18001 和 ISO 14001 指南或同等国家标准和监管。专业知识的有效利用和开发及其持续改进过程突显了斯科尔公司的运维项目的优越性。

斯科尔公司内部部署的人力资源内部规划流程从技术角度对员工进行评估，并对斯科集团的职业发展潜力进行评估。为了优化运维人员配置，在 TSW 运维模型的基础上，实施了一个维护优化流程，大大减少了维护工作量。

每年分配给该公司运维计划的财务资源主要基于企业的能源管理计划，而能源管理计划又主要取决于流域水文条件和电力市场条件。财务资源一旦分配了，就要编制年度能源生产预测。此后根据水电资产工况和包括 360 度风险过程的风险和脆弱性评估，编制运维工作计划。长期和短期的规划过程考虑运营条件和维护要求，并确定完成公司商业计划所需的运营支出资源和基建资本支出资源。年度运维预算在电厂层面进行分配，包括所有运维费用、行政和财务要求以及管理费用、商业费用和税务费用。在斯科巴西公司中，每个电厂作为一个单独的公司运营以使其效益最优化。

加权维护对象（Weighted Maintenance Object，WMO）❶ 对标基准模型由斯科公司和 PA 咨询公司于 1989 年开发，在过去 10 年中已经应用于南美和亚洲，提高了水电资产的绩效。该模型基于技术和运营支出-基建资本支出的开支对水电资产从高成本到低成本进行分类评级，以提高效率和降低运营成本。适用于加权维护对象方法的导则使年度运营支出减少了 370 万美元，这意味着所有 6 个水电设施的年度运维预算减少了 40%。与加权维护对象的基准对标体系相比，斯科尔公司的水电设施是斯科集团的水电资产中效率最高的。

斯科尔公司未来数十年面临的挑战包括管理运维成本以确保成本竞争力，进一步应用斯科公司的合同模式和商业模式，并需要采用数字化解决方案，通过自动化和更智能运维来实现收入优化和降低成本。

## H.2　利比里亚的咖啡山水电项目

利比里亚的咖啡山（Mount Coffee）水电站项目已全面恢复重建，2016—2018 年，一座 4 台机组 88MW 的新发电站投产使用，此前该发电站因多年的内乱遭受部分损毁，并完全瘫痪。该水电设施在 20 世纪 90 年代初被摧毁后，利比里亚电力公司（LEC）失去了运行该水电设施的内部经验和专门知识。2016 年，利比里亚电力公司与瑞士国际水电运营公司（Hydro Operation International，HOI，以下简称"瑞士公司"）签署了一份为期五年的运营、维护和培训（OMT）合同，负责运营和维护咖啡山水电站设施，同时为利比里亚电力公司的利比里亚运维员工提供理论培训和手把手实践培训。本培训涵盖电厂管

---

❶　加权维护对象的数目反映了基础设施的技术复杂性。为了从技术上比较基础设施明显不同的公司，有必要使对照标准化。通过比较技术基础设施和相关成本，可以对不同地区的执行情况和效率进行基准测试。

理、操作、发电设备维护和其他相关技能。

咖啡山水电站的运营重点是最大限度地提高可利用率，确保将最佳实践和标准纳入所有公用设施组件（如溢洪道、进水口、发电机组、控制装置等）的日常运营和维护中，并由承包商即瑞士公司负责培训 18 名当地员工。

维护战略是在定期检查关键部件和系统的基础上制定的，必要时更换或维修零件。通过对所有设备（可使用和不可使用）进行有计划的检查，以确定其工况并识别潜在的故障风险，从而最大限度地减少停机时间和强制停机。

对员工的培训旨在确保在五年期间实现充分的技能转让。以下介绍员工配置：

（1）管理团队由瑞士公司负责员工编制配备并由一个经验丰富的电厂经理负责，每个职位分配一名利比里亚电力公司的对应人员。

（2）操作员工由瑞士公司的轮值主管（shift supervisors）构成，每个轮值主管对应一名利比里亚电力公司的人员。最近增加了第二批利比里亚电力公司受训人员，为完成第一批培训计划做准备，培训结束后瑞士公司人员将离开现场。预计经过三年的培训后，操作班次将由利比里亚电力公司的人员单独配备。

（3）维修员工由瑞士公司高级职员负责，每个人都有一个与利比里亚电力公司对应培训生相匹配的职位。

这项正在进行的运维安排存在的一些挑战包括：新培训员工留用，缺乏日常运维资金，缺乏用于大型维护工程和未来大修的准备金（reserve funds），关于电网不稳定的操作问题，加上鉴于调节库容不足导致枯水季节流量偏低带来的管理挑战。

由于未将某些基础设施高效运维所需资金纳入原始大修预算，运维受到阻碍。发电能力目前受到需求的制约，因此发电收入不足以购买该基础设施。

展望未来，瑞士公司建议，一家拥有自我管理、财务目标、运营目标和收入来源的特定运维公司可能是一种更为优化的运维战略，这样可以长期确保电厂的绩效、可靠性和可持续能力。

### H.3　尼日利亚的凯恩吉-杰巴水电综合枢纽

主流能源解决方案有限公司（Mainstream Energy Solutions Ltd.，MESL，以下简称主流公司）于 2013 年 11 月接管了装机容量为 1338 MW 的凯恩吉—杰巴（Kainji and Jebba）水电站。收购之时杰巴电厂的发电量为 460MW，而凯恩吉电厂则完全无法运行。迄今为止，根据主流公司正在进行的容量恢复计划（capacity recovery plan，CRP），主流公司已将凯恩吉-杰巴水电综合枢纽恢复到装机容量的 69% 以上，即 922 MW。主流公司提高了联合水电系统的性能，2014—2018 年，发电可利用率超过 99%，强迫停运率仅为 0.53%。

在电力部门私有化之前，尼日利亚经营着一个垂直一体化管理的电力公司。在公共治理模式下，水电设施的运营缺乏明确的运维战略，只注重能源生产，导致维护不善，缺乏安全措施和环保措施。在这种模式下，尼日利亚电力部门持续性停电，服务不可靠，这迫使政府将拆分后（unbundled）的国家电力公司私有化，以期以合理的成本实现稳定和充足的电力供应。

主流公司于 2011 年注册成立并获许可成为一家发电公司，通过与尼日利亚政府签订的 30 年（2013—2043 年）特许权协议收购了凯恩吉-杰巴水电站。根据此合同安排，运维由私营业主/特许权持有人主流公司负责。主流公司采用审慎的管理，以确保公司优先考虑和实现其年度财务目标，并将成本降至最低。主流公司致力于通过利用戴明循环（Deming's cycle，PDCA）概念，并通过测量电厂可利用率和可靠性等关键绩效指标（KPI），将其运维计划与世界一流标准进行基准对标，不断改进其总体运维战略。主流公司监控其水电设施的绩效，将安全作为优先事项，并以零事故和无环境损害为目标，同时优化其可靠性和能源生产。

主流公司在实施其运维计划时遇到的一些挑战包括：

（1）一些市场参与者不遵守市场规则。

（2）尼日利亚的电力市场的不稳定性。

（3）电网不稳定问题导致设备加速磨损。

（4）更大的极端气候带来的水资源管理挑战。

（5）鉴于设备过时导致在采购备用设备时遇到困难。

（6）与下游用水户和滨河社区存在利益冲突。

（7）出现竞争更加激烈的电力市场。

通过实施计算机化维修管理系统（CMMS）和以可靠性为中心的维修原则（RCM），主流公司已实施相关措施以实现其运维项目的持续改进，目标是通过 ISO 9001 认证。主流公司正在通过优化的入流预测系统改进水管理战略，以产生更精确的发电预测和一个改进的洪水预警系统。

主流公司已经制定了一个员工招聘和留用项目（recruitment and retention program），以鼓励在组织机构内部晋升，并促进知识转移。这是通过一系列培训项目实现的，例如作为继任计划一部分的中层管理人员领导力培训，并针对本地和国际各级运维员工的电厂运行和维护培训等。招聘工作由一个全国性的技术机构即尼日利亚国家电力培训学院（National Power Training Institute of Nigeria，NAPTIN）协助执行。

### H.4 巴基斯坦新邦逃脱水电项目

拉莱布能源有限公司（Laraib Energy Limited，LEL，以下简称拉莱布公司）是巴基斯坦第一家水电独立发电商（IPP）即枢纽电力公司（Hub Power Company，HUBCO，以下简称枢纽公司）的子公司（subsidiary），也是位于查谟和克什米尔地区阿扎德杰卢姆河（Azad Jammu and Kashmir，AJ&K）上的 84MW 的新邦逃脱（New Bong Escape，NBE）水电站的业主和开发商。枢纽公司持有拉莱布公司 75% 的股份，在国内拥有超过 2900MW 的电力投资组合。

拉莱布公司拥有 84MW 的新邦逃脱水力发电厂，是在建设-拥有-运营-转让（BOOT）机制下开发的。该水电设施将在 25 年期限结束时移交给查谟和克什米尔政府（transferee，受让方）。

拉莱布公司最初于 2011 年 5 月与巴基斯坦的 TNB REMACO 签署了一份运维协议，并按照贷款人的要求运营该水电设施。本协议终止于 2018 年 3 月。之后，枢纽电力服务有限公司（Hub Power Services Limited，HPSL）接管了运维运营商的角色，该有限公司

是一个私营部门运维公司，并且是枢纽公司的全资子公司。

新邦逃脱水电站的运维战略在概念上与模式 3 保持一致，几乎所有的运维责任都在一个公平交易的合同（an arm's length contract）下外包。然而由于运维承包商是业主的子公司，因此该运维战略与模式 1B 有许多相似之处。

新邦逃脱水电站是世界上第一个实施全球知名的杜邦安全管理系统的水电设施，也是巴基斯坦第一个在联合国气候变化框架公约（UNFCCC）注册为清洁发展机制（CDM）项目的水电项目。在过去的连续 3 年里，新邦逃脱水电站的可利用率水平保持在 98%以上。

该运维团队共有 69 名员工，包括水电站总经理和运维负责人、7 名部门经理和 60 名运维员工在厂址工作。该运维团队向电厂经理汇报，由 7 个部门组成：健康、安全和环境部，运营和维护部，项目和工程部，人力资源部，财务部，业务支持部，行政部。

培训要求每年评估一次，以发展技术和软技能。通过现场为操作员和技工组织的以可靠性为中心的维修（RCM）培训，培养其专业技能。拉莱布公司已与安德里茨水电公司（Andritz Hydro）签署了一份技术服务协议（TSA），该协议提供了与水电设施相关的培训、知识和学习课程、肇因分析分享，和在类似水电设施实施的改进项目。

该运维运营商向业主/特许权持有人提交年度计划，并编制运营预算，最终由贷款人和董事会批准。每年的年底将年度预算与季度费用进行核对，并与年初批准的年度计划进行比较。年度计划包括预期的电厂改进项目。每年运维预算通常在 250 万～300 万美元，占建筑成本的 1.1%～1.3%。

目前正在与全球自动化领导者进行探讨来设计一种预测性方法，以积极主动的方式解决电厂设备老化问题，该方法通过专家诊断和预测分析提高可靠性，从而实现设备故障的早期预警检测，避免计划外停机，并提供更好的风险管理。

### H.5 乌干达纳鲁巴莱和基拉水电综合枢纽

乌干达发电有限公司（Uganda Electricity Generation Company Ltd.，UEGCL）与南非国家电力公司乌干达有限公司（Eskom Uganda Limited，EUL，以下简称南非乌干达公司）就基拉（Kiira）和纳鲁巴莱（Nalubale）发电站的运营、管理和维护签订了 20 年的特许协议。南非国家电力公司（Eskom）将其发电出售给乌干达电力传输有限公司（Uganda Electricity Transmission Company Limited，UETCL）。该协议在 2023 年 4 月 1 日之前有效。

目前，基拉和纳鲁巴莱发电站的总装机容量为 380MW。纳鲁巴莱和基拉综合体的可利用率保持在 94%～97%，年综合发电量平均为每年 1424GWh。

南非乌干达公司为维护纳鲁巴莱和基拉水电站而采用的综合运维政策包括两个维护周期。第一个周期是每台机组的 36 个月周期内在 30 天计划停运期间完成一般维护和彻底检修。第二个周期是每个机组子系统的 18 个月周期内在 15 天的计划停运期间完成更为详细的检查，以确定每个机组的工况。运维项目的成功是通过一组绩效矩阵指标来衡量的，这些指标包括可利用率、可靠性、失时工伤率、漏油、废物处理、水质、安全和年度利润。

南非乌干达公司引入了一个招聘计划，为纳鲁巴莱和基拉水电站这两个地点的 10 名受训学员（trainees）提供为期 3 年的培训。该项目成功地促进了向内部员工传授知识和技能；向母公司提供风险敞口，并在高管的监督下分配任务。

特许权持有人负责规划财务资源，以支持年度运维计划。特许权持有人应提交一份给定期间的发电运维成本申请，说明该时期将要进行维护的细节和技术计划。该申请由乌干达发电有限公司和乌干达电力传输有限公司审查，然后发给监管机构批准。

现行特许权安排面临的挑战包括：一是特许公司缺乏以资产管理为重点的合同履约措施；二是技能保留。

### H.6 乌拉圭/阿根廷萨尔托—格兰德水电综合枢纽

萨尔托—格兰德水电综合枢纽（Salto Grande Complex，SGC）位于康科迪亚（Concordia，阿根廷）和萨尔托（Salto，乌拉圭）两城市上游数公里处，由 14 台卡普兰水轮机组成，每台机组额定功率为 135 MW，总装机容量为 1890 MW。2017 年，平均年可利用率为 94.3%，2016 年为 95.6%，1983—2017 年总平均可利用率为 93.4%。

萨尔托—格兰德水电综合枢纽是一个两国共用的水电设施，场地和设备由乌拉圭和阿根廷共同拥有，发电量由两国平均分配。鉴于这种独特的安排，萨尔托-格兰德在两个独立的负荷调度中心之间进行统一协调，并由一个两国团队执行操作和维护过程。

萨尔托—格兰德水电综合枢纽利用 Infor - EAM 企业资产管理系统来提高整个组织机构的生产力、安全性和效率，优化资产记录，执行资产干预分析，确保环境安全和人身安全，同时减少工作的时间和成本并减少劳工执照。这些 EAM 过程辅之以关键设备的以可靠性为中心的维修（RCM）分析、水电放大器工况评估，以及涡轮机和发电机制造商进行的外部评估。自 2003 年以来，萨尔托-格兰德水电综合枢纽开始了一个多年的现代化项目，以更新大型水电资产，如主要断路器和机组励磁系统、保护系统、水闸和其他关键部件。其他大型组件的 20 年现代化计划将包括控制体系和监督体系的数字化以及所有控制和监测设备的一体化。

目前，萨尔托—格兰德水电综合枢纽拥有 300 多名运维人员，包括 84 名维护员工和 66 名运营员工，还有其他参与输电系统维护和运营规划的员工。向员工提供的维护培训有起重机操作员认证、焊工（welders）认证和其他一些关键技能。已经进行的操作培训由新的操作员工与经验丰富的操作员工配对进行操作至少 5 个月。虽然没有正式的后续规划战略，但知识转让是通过内部研讨会实现的，并由经验丰富的专业系统员工来领导。

萨尔托—格兰德水电综合枢纽内部运维预算的管理由每个国家的代表来完成。总预算每年核定一次。共同成本，包括员工薪金、投资和其他共同费用，由每个国家平均分摊。

萨尔托—格兰德水电综合枢纽多年现代化项目的第一个 5 年资金是通过泛美开发银行的贷款获得的。以后的 5 年计划将与两国政府、国际金融实体和供应商共同解决 2024—2043 年这 20 年间的长期现代化项目融资问题。

萨尔托—格兰德水电综合枢纽在未来年份面临的一个更重要的挑战将是在电厂现代化过程中对运维过程的规划和协调。分配给该项目的人力资源将需要战略性地整合和沟通并行活动，如编写规范、与咨询公司合作、测试和调试等。

# 参 考 文 献

Annandale, G., Morris, G., and Karki, P. (2016). *Extending the Life of Reservoirs: Sustainable Management for Dams and Run - of - River Hydropower*. The World Bank. Retrieved from https: //doi. org/10. 1596/978 - 1 - 4648 - 0838 - 8

Australian Government. (2019). *Flood management at Dartmouth Dam*. Retrieved from https: //www. mdba. gov. au/river - murray - system/running - river - murray/flood - managementdartmouth - dam

Berga, L. (2016). *The Role of Hydropower in Climate Change Mitigation and Adaptation: A Review.* Retrieved from Science Direct: https: //www. sciencedirect. com/science/article/pii/S209580991631164X

Canadian Dam Association. (2013). *Dam Safety Guidelines*.

Canadian Dam Association. (2016). *Dam Safety Reviews Technical Bulletin*.

Canale, L., Sans, N., Lorillou, P., and Ciampitti, F. (2017). *Securing long - term commercial operation of hydropower schemes through adequate O&M in Sub - Saharan Africa*. Washington: World Bank.

Dam Rehabilitation and Improvement Project. (2018a). *Guidelines for Instrumentation of Large Dams*. Retrieved from https: //www. damsafety. in/index. php? lang = &page = Downloads&origin = front - end&tp=1&rn=1

——. (2018b). *Guidelines for Preparing O&M Manual for Dams*. Retrieved from https: //www. damsafety. in/index. php? lang=&page=Downloads&origin=front - end&tp=1&rn=1

ESMAP. (2019). *Where Sun Meets Water: Floating Solar Market Report—Executive Summary*. Washington DC. Retrieved from http: //documents. worldbank. org/curated/en/579941540407455831/pdf/131291 - WPREVISED - P161277 - PUBLIC. pdf

Flury, K., and Frischknecht, R. (2012). *Life Cycle Inventories of Hydroelectric Power Generation*. Kanzleistr: Öko - Institute e. V.

Gielen, D. (2012). *IRENA Working Paper*. Retrieved from Renewable Energy Technologies: Cost Analysis Series—Volume 1: Power Sector Issue 3/5: https: //www. irena. org/documentdownloads/publications/re _ technologies _ cost _ analysis - hydropower. pdf

Goldberg, J., and Lier, O. (2011). *Rehabilitation of Hydropower—An introduction to economic and technical issues*. Washington DC: World Bank.

Hall, D. G., Hunt, R. T., and Carroll, G. R. (2003). *Estimation of Economic Parameters of U. S. Hydropower Resources*. Retrieved from https: //www1. eere. energy. gov/water/pdfs/doewater - 00662. pdf

Hydropower Sustainability Assessment Council and IHA. (2018). *Hydropower Sustainability Guidelines on Good Industry Practice*. London: International Hydropower Association. Retrieved from http: //www. hydrosustainability. org/getattachment/ ca5c4472 - c7ca - 4602 - aa02 - 781f85402ca0/Hydropower - Sustainability - Guidelines - on - Good - Inter. aspx

ICOLD. (n. d.). *Dam Surveillance Guide*, Bulletin 158. ICOLD.

IFC. 2016. Hydroelectric Power: A Guide for Developers and Investors. https: //www. ifc. org/wps/wcm/connect/906fa13c - 2f47 - 4476 - 9476 - 75320e08e5f3/Hydropower _ Report. pdf? MOD=AJPERES&CVID=kJQl35z

IHA. (2019). *Hydropower Status Report*. London: IHA.

International Hydropower Association. (2019). *Hydropower Sector Climate Resilience Guidelines.*

International Organization for Standardization. (2019). *White River Watershed Compensation Flow Management & Development.* Retrieved from Pic Mobert First Nation: http://picmobert.ca/stuff/wp-content/uploads/2016/12/SWI-105-PMFN_CaseStudy_FINAL.pdf

IRENA. (2019). Renewable Power Generation Costs in 2018. International Renewable Energy Agency, Abu Dhabi.

Isaac, L. (n.d.). *Operational Planning.* Retrieved 12 29, 2018, from http://www.leoisaac.com/operations/top025.htm

Key, T., and Rogers, L. (2013). *Valuing Hydropower Grid Services in the Future Electricity Grid.* (Hydro World) Retrieved from Hydro Review: https://www.hydroworld.com/articles/hr/print/volume-32/issue-3/articles/valuinghydropower-grid-services-in-the-futureelectricity-grid.html

Meador, R. J. (1995). Maintaining the Solution to Operations and Maintenance Efficiency Improvement. *World Energy Engineering Congress.* Atlanta, Georgia.

Ogaji, S., Eti, M., and Probert, S. (2006). *Reducing the cost of preventive maintenance (PM) through adopting a proactive reliability-focused culture.* Retrieved from Applied Energy, Volume 83, Issue 11, Pages 1235 - 1248: https://www.fm-house.com/wp-content/uploads/2014/12/Reducing-the-cost-of-preventivemaintenance.pdf

Pickerel, K. (2016). *What to consider when installing a floating solar array.* Retrieved from Solar Power World: https://www.solarpowerworldonline.com/2016/06/consider-installing-floating-solar-array/

Picmobert. (2016). *ISO/TC 251 Asset Management.* Retrieved 02 12, 2019, from ISO.org: https://committee.iso.org/home/tc251

REN21. (2018). *ren21.* Retrieved from ren21.net: http://www.ren21.net/wp-content/uploads/2018/06/17-8652_GSR2018_FullReport_web_final_.pdf

Ross, S. (2018). *What does a Power Purchase Agreement mean in the utilities sector?* Retrieved from Investopedia: https://www.investopedia.com/ask/answers/071415/whatdoes-power-purchase-agreement-ppa-meanutilities-sector.asp

Rouge, N., and Bernard, O. (2016). *Managing Hydropower Assets, ISO 55000 for Performance-based Maintenance.* Bulletin. Retrieved from https://www.alpiq.com/fileadmin/user_upload/documents/solutions/asset_management/alpiq-oxand-managing_hydropower_assets_en.pdf

Sapp, D. (2017). *Facilities Operations & Maintenance—An Overview.* Retrieved from Whole Building Design Guide: https://www.wbdg.org/facilities-operations-maintenance

Sullivan, G. P., Pugh, R., Melendez, A. P., and Hunt, W. D. (2010). *Operations & Maintenance Best Practices—Release* 3.0. Retrieved from U.S. Department of Energy: https://www.energy.gov/sites/prod/files/2013/10/f3/omguide_complete.pdf

Swiss Committee on Dams (CSB). (2015). *Role and duties of Dam Warden.* Retrieved from http://swissdams.ch/fr/publications/publications-csb

Tharme, R. E. (2003). A global perspective on environmental flow assessment: emerging trends in the development and application of environmental flow methodologies for rivers.

USBR. (2018). *Best Practices and Risk Methodology.* Retrieved from https://www.usbr.gov/ssle/damsafety/risk/methodology.html

WERF. (n.d.). *Life Cycle Cost Projection Tool.* Retrieved 12 22, 2018, from http://simple.werf.org/simple/media/LCCT/howTo.html